普通高等教育"十三五"规划教材

彩色涂层钢板生产

陈书文　滕莹雪　吕家舜
李军丽　徐闻慧　路金林　编著

北　京

冶 金 工 业 出 版 社

2019

内 容 简 介

本书系统、全面地介绍了彩色涂层钢板的基本概念、生产工艺及原理,并对生产过程中涉及的设备、原材料采购、产品质量控制和检验等方面进行了详细的阐述。主要内容包括:彩色涂层钢板的国内外发展、生产彩色涂层钢板的基板及使用的涂料、生产彩色涂层钢板的工艺流程和设备、彩色涂层钢板生产中的安全与环境保护、彩色涂层钢板生产中的质量管理和检验、彩色涂层钢板的展望。

本书可作为材料与冶金学院材料化学系本科生必修课教材,也可供从事彩色涂层钢板生产、产品开发和车间管理工作的工程技术人员、管理人员参考。

图书在版编目(CIP)数据

彩色涂层钢板生产/陈书文等编著 . —北京:冶金工业出版社,2019. 11

普通高等教育"十三五"规划教材
ISBN 978-7-5024-8190-2

Ⅰ.①彩… Ⅱ.①陈… Ⅲ.①钢板—生产工艺—高等学校—教材 Ⅳ.①TG335.5

中国版本图书馆 CIP 数据核字(2019)第 205231 号

出 版 人 谭学余
地 址 北京市东城区嵩祝院北巷 39 号 邮编 100009 电话 (010)64027926
网 址 www.cnmip.com.cn 电子信箱 yjcbs@cnmip.com.cn
责任编辑 常国平 李培禄 美术编辑 彭子赫 版式设计 孙跃红
责任校对 李 娜 责任印制 李玉山
ISBN 978-7-5024-8190-2
冶金工业出版社出版发行;各地新华书店经销;三河市双峰印刷装订有限公司印刷
2019 年 11 月第 1 版,2019 年 11 月第 1 次印刷
787mm×1092mm 1/16;10.5 印张;250 千字;155 页
40.00 元
冶金工业出版社 投稿电话 (010)64027932 投稿信箱 tougao@cnmip.com.cn
冶金工业出版社营销中心 电话 (010)64044283 传真 (010)64027893
冶金工业出版社天猫旗舰店 yjgycbs.tmall.com
(本书如有印装质量问题,本社营销中心负责退换)

前　　言

《彩色涂层钢板技术》是辽宁科技大学材料与冶金学院材料化学系本科生必修课教材。它是为适应学科、专业结构调整及培养全面型高素质人才的需要编写而成的。

本书系统介绍了彩色涂层钢板生产的原材料、生产工艺技术和装备、产品的质量检验和应用以及环保技术，注重理论与应用的统一性，力求反映出近年来国内外彩色涂层钢板各项技术的新发展。全书以工艺介绍为主，内容翔实，实用性较强，可以作为高校材料、冶金专业，企业技术人员和管理人员的参考书。

本书共分12章，第1章由路金林编写，第2、4章由吕家舜、徐闻慧编写，第6~9、12章由滕莹雪编写，第3、5、10、11章由李军丽编写。全书由陈书文统稿。

本书的编写工作得到辽宁科技大学和鞍钢钢铁研究所的大力支持，并得到辽宁科技大学科研基金资助。教材初稿在学校经过了两轮试用，相关任课教师也提出了诚恳的意见和建议。在编写过程中，编著者参阅和引录了一些文献和资料中的有关内容及图片，在此一并表示衷心的感谢！

由于编著者水平有限，经验不足，书中难免存在疏漏及不妥之处，敬请读者给予批评指正。

编著者

2019 年 5 月

目　　录

1 绪　　论

彩色涂层钢板（简称彩涂钢板或彩涂板）色泽美观、易于加工，同时具有良好的抗腐蚀性能，经济、实用。随着其应用领域的扩大和市场需求的增加，以及用户对其品种质量、性能要求的提高，彩涂钢板产能迅速扩张，开发彩涂钢板新产品，实现质量差异化生产，满足用户个性化质量要求，赢得市场竞争的优势，是主流钢铁企业的发展方向。

1.1　国内外彩色涂层钢板的发展

1.1.1　国外彩色涂层钢板的发展

彩色涂层钢板的产生，最早可以追溯到 1927 年在美国生产的涂层薄板。但是，真正可以作为第一条具有现代涂层生产线雏形的连续彩色涂层钢板生产线是 1936 年在美国建立的，当时其产品主要用作百叶窗和挡风板，用以取代木制品。

彩涂板生产技术 1927 年首创于美国，自 20 世纪 60 年代以来，得以迅速发展，其中美国和日本的彩涂板生产线最多、产能最大、品种规格最齐全。在国外，彩涂板已广泛应用于建筑、家电、汽车制造等行业。随着彩涂板消费的增长和应用领域的不断扩大，以及用户对其品种质量、性能要求的不断提高，彩涂板生产的各类新技术不断得以开发和应用，彩涂板的品种也逐步向着多样化和高端化的方向发展。

1935 年美国建立了第一条连续涂层钢板线。近 20 年来彩涂板生产业以建筑工业为突破口得到了迅速发展，产量不断增加，年生产能力超过 1800 万吨，尤其是欧美和日本发展较快，在全世界 400 多条生产线中，美国约占 50%，年生产能力超过 400 万吨，而且品种齐全。日本自 1958 年建成了第一条喷淋式涂层生产线后，至今已有 50 余条生产线，年生产能力近 300 万吨。美国、日本、欧洲三个地区合计年生产量占世界总产量的 84%。20世纪 60 年代以后，特别是近 20 多年来，比利时、瑞典、挪威、芬兰、巴西和东欧一些国家也相继兴建了一批彩涂板生产线。

德国在 20 世纪 60 年代开始发展彩色涂层钢板生产工业和以彩色涂层钢板为原料的建材加工行业。德国的彩色涂层钢板产量较大，不仅用于国内需要，而且将产品及生产技术输往国外。瑞典、波兰、前苏联等国家都从德国引进过彩色涂层钢板生产线和彩色涂层钢板建筑用材加工技术。

西欧各国几乎都有自己的生产线。到 1979 年，西欧的涂层钢板生产线已达 75 条，总产量达到 110 万吨，占当时世界总产量的 1/5 左右。1970~1980 年间，年产量的增长率达到了 15%。1990 年以后，仍保持了 10% 以上的增长率。

前苏联的彩色涂层钢板生产工业起步较晚，20 世纪 70 年代才开始建设彩色涂层钢板工业和以涂层板为基材的压型钢板生产。但是前苏联以国家计划为后盾，使这项工业获得了快速发展，建立起了包括复层钢板、涂层钢板及压型加工在内的工业体系。生产量在 1976~1980 年间平均每年增长 26%，在 1981~1985 年间增长 140%，现在仍保持 20%的年增长率。

目前，除了美国、英国等已经介绍过的国家之外，法国、芬兰、比利时、意大利、瑞典、瑞士、丹麦、前南斯拉夫、挪威、荷兰、西班牙、捷克等欧洲国家，都有彩色涂层钢板的生产线，总计在 80 条以上。另外，加拿大、巴西、委内瑞拉、墨西哥、澳大利亚、伊朗、菲律宾、中国（包括中国台湾）等也都有彩色涂层钢板的生产线。

现在，世界上已有宽带材生产线 500 多条，生产将近占 1000 多个花色品种的彩色涂层钢板。

1.1.2　国内彩色涂层钢板的发展

20 世纪 60 年代，鞍山钢铁公司钢铁研究所就开始着手研究有机涂层卷材，但由于种种原因没有进一步深入研究，直至 1987 年武汉钢铁公司引进我国第一条正规预涂卷材生产线并正式运转，宣告中国终于有了自己的预涂金属卷材工业。上海宝山钢铁公司（1989年，22.7 万吨）以及西南铝业公司（1993 年，2 万吨）等引进的预涂金属卷材相继投产，形成第一次预涂金属卷材工业发展高潮。

武汉钢铁公司、上海宝山钢铁总厂冷轧厂、广州带钢总厂彩色带钢厂等分别从美国、英国引进了彩色涂层钢板生产线，先后于 1988 年、1989 年投入生产。在连续的彩色涂层钢板生产线上，可以通过在生产线上增设复层辊压设备来进行复层钢板的生产，这样就可以在同一条生产线上生产多种产品。在生产复层钢板时，在精涂机上进行胶黏剂的涂敷，胶黏剂的干膜厚度控制在 5~20μm。然后在烘烤炉中进行活化，塑料膜卷在开卷后经过转向和展平，被层压辊压合在带钢上，经冷却到 50℃时就可以卷取。

20 世纪 90 年代中后期出现了预涂金属卷材业的第二次大发展，这次业主绝大多数是私营企业，他们采用国产的年产量 2 万吨左右的中型生产线建厂，分布在广东、江苏、山东等沿海地区，此阶段新建生产线数量超过 50 条。1998 年以来，国有民营、外资相继投资建设彩涂板生产线，其中不乏装备水平高、产品质量优、具有竞争力的生产线，冶金系统产量所占比重逐渐减少。

2002~2005 年期间，我国迎来了彩涂钢板工业的第三次大发展。期间一批大型现代化彩涂板生产线相继投产，如宝钢 2 号生产线、鞍钢两条生产线、首钢彩涂钢板生产线、本钢生产线、邯钢生产线、唐钢生产线、马钢生产线等。武钢 2 号生产线设计年产 21 万吨，机组运行速度为 180m/min，是全国最快生产线，超过 100m/min 的生产线有近 10 余条。随着一大批大型新建机组的投产，全国彩涂钢板生产进入高速增长期。

1.2　彩色涂层钢板生产工艺技术简介

彩色有机涂层钢板的基本结构由钢板（包括镀层）、化成处理膜、涂层膜、保护层膜组成，见图 1-1。它兼有高强度、耐蚀性、装饰性，简称彩涂板或彩板。常用的彩板生产工艺主要有喷涂、辊涂、覆膜、印染四种工艺，有时不同工艺可同时在一条生产线上交替完成，产生特殊的效果。其生产工艺技术也逐步发展起来，由单张板生产发展为连续生产线，由连续涂层生产线发展为多工艺组合的生产线。

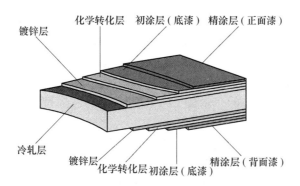

图 1-1　彩色有机涂层钢板的结构示意图

　　日本川铁钢板（株）所属的松户工厂有一条 20 世纪 50 年代建立的单张彩色涂层钢板生产线，虽然后来经过多处改造而使用到 20 世纪 80 年代，年产量达 1.5 万吨，但仍不失为其初期技术的代表作。塑料薄膜的生产过程中，工艺条件比较容易控制，可以得到性能较理想的塑料薄膜。与涂料的涂敷、固化工艺相比，涂料的固化条件难以严格控制，会由多种原因导致色差、发花、起泡、缩孔、针孔、皱纹、漏涂等多种质量缺陷。此生产线的工艺流程为：真空送料机送料—夹送辊—皮带输送—脱脂处理—磷化处理—水洗挤干—钝化处理—吹干辊涂机涂背面—1 号烘烤机—冷却—辊式翻板—2 号辊涂机涂正面。来料为镀锌板垛，由真空送料器每次吸起一张送入夹送辊，通过输送皮带，开始进行各种处理。磷化和热水洗都是水平槽，采用浸渍方式，钢板由胶辊传送。经过挤干的基板进行铬酸处理（溶液并非单一成分的铬酸溶液），处理采用二辊式正向辊涂方式。这些优越性促进了对复层产品的开发，首先是用聚氯乙烯塑料薄膜在钢板上的复层产品。1954 年，美国首先使用连续辊压复层工艺，生产出了聚氯乙烯复层板。在欧洲，英国最早于 1957 年开始利用连续生产线生产聚氯乙烯复层钢板。在日本，1957 年由塑料生产的复层产品最先出现于市场，至 1978 年产量达 3.3 万吨，占涂层钢板总量的 19.4%。我国于 1969 年开始生产塑膜复层钢板，具有年产 1 万吨的能力。处理液由上方的管注入调节辊与涂敷辊的凹形交界处。调节辊为镀铬辊（横向每隔一定距离有一道刻纹）。处理后的钢板由热风从上至下吹干，然后进入 1 号辊涂机。辊涂机为三辊式，但只能进行正向涂敷。涂敷后的钢板由链条送进 1 号烘干炉。1 号干炉长 15m，烘烤后钢板温度为 70～80℃，只是为了达到基本烘干溶剂的目的。然后经空气吹冷，经过翻板器，将原来涂的涂料翻到下面，翻板器的鼓轮是有磁性的。翻转后的钢板由输送带送往 2 号辊涂机。

　　辊涂机是三辊式的，辊涂机有两个涂层头，在同一个水平面上，相距约 1m，它们只能进行正涂。钢板经过涂层机时，由两个涂层头进行二次涂敷，然后由链算传送进入烘烤炉。烘烤炉长 45m，为热风式加热，炉温为 200～250℃。燃料使用煤油，炉内含有机溶剂废气，由管道抽出，经焚烧后排入大气。

　　由于底面涂层只经过一次 70～80℃ 加热就进行二次（正面）涂敷，而且是由链算传送，所以每块成品板的背面都有数点露锌部分。

　　加热固化后的涂层板经喷水冷却，然后吹干、打印。为了防止在运输中划伤涂膜，在垛板时，将正面涂层相对叠放。为此，在打印后，运输皮带分为二层。在分层处，有一个由时间继电器控制的电磁辊，每隔一张板就将下一张板子吸起，使其进入上传送带，在上传送带终端的磁力辊将板子翻转，聚甲基丙烯酸树脂有着良好的耐候性和透明性，自 1936 年即开始生产树脂板（有机玻璃）应用于航空业。美国于 1965 年开始试制薄膜产品，并于 1967 年用于复层板生产。

随后进入垛板台上方。为了防止划伤，在上面传送带与下面传送带终端之间，有一排共三个压缩空气喷嘴，在上边的一张板子向下落时，受到它们喷出的气流托浮而缓慢地落在板垛上，从而避免了划伤。

采用单张基板生产的彩色涂层钢板质量差、生产效率低，所以生产彩色涂层钢板主要是采用带钢为基板进行连续生产。在生产过程中，带钢表面经过各种预处理后进行涂料涂敷。复层钢板是把所需要的薄膜复合于带钢表面而得到的产品。这种薄膜可以是聚氯乙烯膜、聚氟乙烯膜、聚甲基丙烯酸薄膜、石棉沥青膜、不同树脂的复合膜以及木材膜和纤维织物层等。涂敷之后须将涂料固化（一般是采用烘烤形式）才能进行下一道涂料的涂敷。因此，通常以涂敷和烘烤的次数来称谓机组的类型。其工艺流程为：开卷—切头—切尾—缝合（或焊接）—去毛刺—磨刷—脱脂处理—挤干—活套—磷化处理（或表面调整）—水洗—挤干—钝化处理—挤干—一次涂敷—一次烘烤—冷却—吹干—二次涂敷—二次烘烤—压花或印花—冷却—吹干—涂蜡—卷取。

为了生产表面膜层更优良的彩色涂层钢板，在经过化成处理的表面上，增加涂料涂敷的次数，从而出现了三次连续涂敷的生产线，即三涂三烘型涂层钢板生产线。其工艺流程为：开卷—焊接—活套—脱脂—冲洗—表面磨刷—表面磷化（或表面调整）—钝化处理—干燥—初涂机—烘烤炉固化—冷干燥—中涂机—2 号烘烤炉固化—冷却—干燥—精涂机—烘烤炉固化—冷却—干燥—调制轧制机—1 号张力平整—2 号张力平整—活套—涂蜡—烘干—卷取。这种机组技术比较先进、生产速度高，但设备投资较大、要求自动化水平高，所以目前应用较少。

思 考 题

1-1 什么是彩涂板？

1-2 彩涂板起源于哪个国家，什么时候？

1-3 简述国外彩涂板发展概况。

1-4 简述国内彩涂板发展概况。

1-5 常用的彩涂板生产工艺有哪些？

1-6 彩涂板通常有几种基本涂层？

1-7 彩涂板一般应用于哪些行业？

生产彩色涂层钢板的基板

2.1 生产彩色涂层钢板对基板的一般要求

用于生产彩色涂层钢板的基板主要有冷轧钢板、热镀锌和锌合金钢板、电镀锌和锌合金钢板、镀锡钢板和无锡钢板等。

对基板进行防腐蚀和装饰是在上述基板上进行彩涂加工的主要目的，用户是对彩色涂层钢板进行加工后使用，因此基板的选择应考虑以下几个方面：（1）基板的板形状态要有利于彩色涂层钢板生产过程中各工艺程序的进行；（2）基板的表面状态要有利于实现或保证彩色涂层钢板表面质量；（3）基板的机械加工性能应满足彩色涂层钢板对各种机械加工性能的要求；（4）基板应具有良好的耐腐蚀性能。

2.1.1 板形

生产彩色涂层钢板时，要求基板必须有良好的板形。现代化的彩色涂层钢板生产线，生产速度较高，对带钢的导向和对中要求非常高。而平直度差和"镰刀弯"较大的带钢，在高速度的生产线上运行时，会给带钢的导向和对中带来很大的困难。贴合可剥性薄膜的涂层钢板，其堆成的板垛质量一般以51垛为宜；大于51垛的垛重往往会由于重压而导致胶黏剂的破坏，并引起涂层的损伤。可剥性薄膜贴合装置以设在涂蜡机之前为宜。其机械结构与层压复合装置基本相同，差别在于它不需要边缘对齐控制系统。在生产双面涂层的产品时，更要求带钢具有良好的板形。当带钢进行表面涂敷时，由于有支撑辊的支撑，带钢在横向上也较平直，涂料涂敷的效果也比较好。而在对带钢背面进行涂敷时，由于带钢的一面已经涂上了涂料，但尚未干燥固化，不能用支撑辊将带钢挤住。因此在生产彩色涂层钢板时，如果基板的板形较差，就会使带钢的边缘甚至局部出现漏涂现象。钢板不平度的测法是将钢板自由地平放在平台上，不附加任何压力，用钢尺放在钢板上，测量钢板与钢尺间的最大距离。

2.1.2 耐腐蚀性

空气中金属的耐腐蚀性是因为其腐蚀生成物具有保护作用，防止金属的进一步氧化。钢板有机涂层涂膜能够抑制水和氧气对金属表面的腐蚀作用。但当涂膜不能把水及氧气完全与金属表面隔开时，涂膜下仍会发生与大气中相似的腐蚀现象。

生产彩色涂层钢板的主要目的是为了增强钢板的耐腐蚀性和装饰性。彩色涂层钢板表面的涂层，本身已经具有较为完整的膜，能够隔绝钢板与外界环境的接触，不容易被氧气及水蒸气等腐蚀。同时彩色涂层自身也具有较好的抗老化性能，因此，使钢板具有了较好的耐腐蚀能力。然而，尽管经过多次的涂敷，有时仍不能完全消除贯穿涂层的气孔。也就是说，在微观上涂层并不能绝对地避免环境对其基板的作用，钢板仍将产生腐蚀。此外，绝大多数的彩色涂层钢板都是经过成型加工后才使用的，在加工过程中受力变形较为严重的部位，容易产生裂纹。另外，使用时间越长，彩色涂层钢板表面涂料层中的有机高分子聚合物越容易逐渐老化，出现粉化、龟裂、剥落，使基板失去了彩色涂层的保护。因此，使用耐腐蚀性能良好的基板的彩色涂层钢板，其使用寿命更长。生产彩色涂层钢板时，常用基板有冷轧钢板、热浸镀锌及其合金类钢板、电镀锌及其合金类钢板、镀锡钢板。通常，它们的耐腐蚀能力的顺序为：冷轧钢板<镀锡钢板<电镀锡钢板<热浸镀锌钢板。

在连续辊压成型过程中，波形断面各部位的线速度是不一样的，这样就会引起薄膜起皱损坏涂层表面。因此，需要辊压成型的涂层板采用涂蜡保护，平板用可剥性薄膜保护膜。当然，贴有可剥性薄膜的涂层板用于一般的单件成型，如冲弯曲等都不会有问题。

2.1.3　耐候性

在室外自然环境下使用的彩涂板，长期经受风吹日晒、雨淋雪压、冬夏温差、沙尘污染，所以其耐候性能非常重要。

（1）光劣化。涂层在自然环境日光的作用下出现劣化，表现为失去光泽、粉化、改变颜色等。在紫外线和水的作用下，涂层出现化学变化而分解，表面失去平滑性而失去光泽，进一步发展可出现粉化。在紫外线作用下，涂层中的颜料和树脂发生化学变化，使涂层膨胀、裂口、剥落。若考虑有水参与，水浸入涂层后会加剧光劣化。

（2）大气污染。屋面板、墙壁、雨搭等室外使用的彩涂板长期暴露在大气污染物环境下，煤烟、油烟、灰尘、金属粉末、氧化物等会附着在涂层板上，空气中有二氧化硫、亚硫酸、氮氧化物等有害气体，甚至出现酸雨，这些都会对彩涂板造成伤害。

2.1.4　表面状态

为了体现彩色涂层的装饰性能，对彩色涂层钢板的表面质量有着严格的要求。因此，表面存在缺陷或表面状态对涂层有不良影响的基板，都是不合格的基板，如基板表面的锈蚀、结瘤（颗粒）、漏镀、夹杂、厚边、划痕、气泡、边裂、穿孔、裂纹等，都在不能使用的范围之内。

2.1.5　加工性能

由于彩色涂层钢板是在加工后使用，因此基板必须有良好的机械加工性能，同时还要考虑焊接性能。所使用的基板在机械加工和有关性能方面，都应符合对彩色涂层钢板产品性能中有关的规定；而且要在经过200~300℃加热后，仍能达到在如弯折、深冲、冲击等方面的标准指标。在生产前，要对所用的基板进行这些方面的抽检，以保证彩色涂层钢板产品的相关性能。

综上所述，生产彩色涂层钢板时使用的基板，其性能质量必须符合以上几个方面的要求。

2.2　生产彩色涂层钢板常用的基板

2.2.1　冷轧钢板

　　钢板表面粗糙度是体现冷轧带钢表面质量的重要特性之一，不仅影响到带钢冲压时的变形行为和涂镀后的外观面貌，而且可以改变材料的耐蚀性。在冷轧板生产过程中，钢板表面粗糙度还是影响黏结发生率的首要因素。较大的平整度会使带钢表面粗糙度增加，考虑到平整度对带钢的性能有较大影响，一般不考虑利用平整度来控制带钢表面形貌。因此，平整工序是控制带钢表面形貌的最后一道工序，决定着带钢最终的表面形貌。钢板表面形貌的决定因素为轧辊的表面形貌，但它受平整方式、平整度、来料和轧制周期等因素影响，要想得到理想的带钢表面形貌，必须对以上各因素加以控制。在实际生产中，带材的厚度及材质不能因为需要控制成品板表面粗糙度而改变。因此，真正能够起到控制钢板表面粗糙度作用的只有轧机压下率、末机架工作辊原始粗糙度和工作辊服役期的安排等。由于受到板形、轧制压力、轧制力矩、电机负荷等因素的制约，实际生产中轧机压下率的值是不可以随意改变的，只能通过调整生产计划，将工作辊的轧制公里数限制在一定范围内，即根据不同情况，将钢板安排到轧辊服役期的前半程或后半程进行轧制，以控制成品板表面粗糙度。由于冷轧钢板的耐腐蚀性差，目前很少情况直接使用冷轧钢板作为生产彩色涂层钢板。一般轧制生产过程分为轧制、退火、平整、精整等工艺环节，轧制环节使钢板表面残留有大量的乳化液、润滑油、液压油，以及轧制中产生的残铁、炭粉末和灰尘等微小固体颗粒。退火环节往往使钢板中的易氧化元素迁移到钢板表面以氧化物形态在表面析聚。板表面的微观结构和表面清洁度等表面状态对钢板的耐蚀性影响重大。所以，轧制和退火环节对钢板的耐蚀性影响较大，而酸洗及平整等环节对钢板的耐蚀性的影响较小。此外，在同一工艺环节中钢板的不同位置的耐蚀性也存在一定差异。轧制后钢板表面大量的残留物降低了钢板表面耐蚀性及其均匀性。钢板的腐蚀主要是电化学过程，钢板表面的耐蚀性主要受到表面微观结构的影响，清洗后钢板的腐蚀电流密度较未清洗的钢板要小，均匀性更好。轧制后钢板的湿热试验明显好于退火后钢板，钢板表面残留的乳化液量、轧制油量及残铁量使得钢板各个位置的耐蚀性差异较大。冷轧板表面清洁度问题受原料、轧制、退火、储存过程中多种因素影响，并直接影响其耐蚀性能。

2.2.2　热浸镀锌钢板

　　镀锌钢板因良好的耐蚀性和成型性而在很多方面得到广泛应用。锌在大气中的耐蚀性要比钢铁强数十倍至上百倍，锌的电极电位比铁的电极电位低，从而起到阴极保护的作用，锌在钢板表面能阻止钢和大气接触，因此也具有隔离保护的作用。镀锌层的织构和相分布都会对镀锌层耐蚀性产生影响，镀锌层织构对耐蚀性的影响主要是因为镀锌层晶体取向不同时会造成原子面上原子结合能不同，低指数晶面的原子结合能较大、耐蚀性能较好。合金相的耐蚀性高于纯锌相的耐蚀性，镀锌层中各合金相的耐蚀性与镀锌层中各相的铁含量密切相关，铁含量越大，合金相的极化电阻越大、耐蚀性越强。因此，镀锌层相分布变化时，镀锌层耐蚀性也会相应地发生变化。热浸镀锌合金相的形成主要是通过锌原子和铁原子的热力学扩散来进行的，因此合金相形成需要在较高的温度下进行，钢板出锌液后温度迅速下降，合金相很难继续生长，可见合金相的厚度主要与热镀锌锌液温度和钢板在锌液中的时间有关，两种热镀锌锌液温度、成分和钢板在锌液中的时间基本相同，所以两种热镀锌板合金相厚度相差也很小。钢板镀层厚度主要通过控制钢板出锌液后钢板黏附锌液的厚度来控制，此时铁锌原子扩散速率很慢，合金相生长速率很小，主要是纯锌相的凝固生长过程，因此热镀锌镀层厚度增加时，主要增加了纯锌相的厚度，合金相厚度增加不明显。

　　传统观念上的热镀锌钢板是在锌液中加入少量的铅或锑（约为总量的0.03%），使带钢在热浸镀锌后的锌液凝固过程中生成雪花状的锌花，并且长大到一定的程度而得到产品。为了消除涂层机室内空气中的有机溶剂，一般在涂层机室内装有排风和送风系统。在冬天还有供暖系统以保持室温稳定在一定范围之内。由于有机溶剂蒸气比空气密度大，因此排风系统一般由底部向外抽风。而经过过滤的新鲜空气则由涂层机上方送入。涂层机室有混凝土结构也有钢结构的。有的是一台辊涂机一个涂层室，也有两台辊涂机共用一个涂层室的。但一般认为，混凝土结构的涂层机室振动较小，保温性能也好。有机涂料使用的溶剂，如二甲苯、苯、环己酮、乙酸乙酯等，都是易燃易爆物质，因此涂层机室的安全防火也是十分重要的问题。涂层机室的设计和操作都要严格地遵守防火规范。涂层室内的电动机一律要采用防爆型电动机。吊车要用气动式的，传动机械尽可能地在室外。另外，为了在万一发生火灾时能及时扑灭，要配备必要的灭火措施。最简单的是在涂层机室内外配备足够的常用灭火器材，如干粉灭火器等。这种热镀锌钢板的镀层较厚，锌花给人一种直觉美感。但是由于锌花的存在，出现了表面不平，若不经过光整，即使在经过涂层后也难以消除，所以目前已经很少使用。为了解决热浸镀锌钢板表面的锌花所带来的问题，相继出现了一些热浸镀锌钢板的新产品。

2.2.2.1　小锌花热浸镀锌钢板

　　为了消除锌花对表面形成的凹凸不平影响，生产小锌花热浸镀锌钢板产品用于彩色涂层钢板生产便是一种解决的办法。分析大型锌花生成的机理后了解到，锌花的生成和长大与锌液合金成分、锌液在钢板表面的凝固速度、凝固时晶核生成的数量三种因素有关。

　　纯锌液在凝固时并不生成锌花，只有在锌液中加入一定量的铅、锑等金属后才能生成锌花。所谓凝固速度的影响实际上是锌液在凝固时，结晶成长时间的影响。冷却时间的长短，决定了为结晶所提供时间长短的不同。锌花的成长需要一定的时间，时间越长，锌花就有可能成长得越大。

　　锌液凝固生成的每一个锌花，都是由一个晶核成长而形成的。在同一面积中，晶核的数量越多，则最终生成的锌花也就越多，自然每个锌花所占有的面积也就越小。

　　针对上面所阐明的机理，生产中从不同的角度对热浸镀锌钢板表面的锌花进行了控制：一种是在锌液凝固之前，使镀锌钢板与一种特制的钢丝网或特制的表面上凸点均匀分布的冷却辊相接触，这样与锌液接触处便先生成均匀分布的晶核，继而长成为细小并均匀分布的锌花。另一种是在镀层锌液凝固前，用雾化的水（或水溶液蒸汽）喷向锌液表面，在锌液的表面生成了大量晶核，然后凝固生成大量细小的甚至肉眼难见的锌花。还有一种办法是在退火后的冷却段，向炉内的带钢喷射大量的氮气，这时有些氮气渗入钢内，当热浸镀锌时，在氮化物处将会生成细小的锌花。

从锌液成分的组成着手，也可以通过锌液成分进行控制。例如，采用纯度高的锌液控制铅、锑一类能产生锌花的金属含量在0.005%以下，即用无铅热浸镀锌的方法，生产无铅的无锌花热浸镀锌钢板。对于热浸镀锌钢板来讲，虽然表面有较厚的锌层，耐腐蚀性较好，但是为了增强在使用和运输、贮存中的耐腐蚀能力，一般要进行化学钝化处理或进行静电涂油。在有条件保证基板表面质量的情况下，可以酌情免除钝化或涂油处理。

2.2.2.2　合金化热浸镀锌钢板

在钢板进行热浸镀锌后，不等锌液凝固立即继续对它进行加热，并达到510~560℃，使铁的扩散得以继续进行，直至锌层消失为止。冷却后得到的产品即是合金化热浸镀锌钢板。

在热浸镀锌生产线上的合金化处理是通过合金化扩散退火炉来实现的，严格地讲，它已经不是镀锌钢板，而是一种被覆了一层铁锌合金的钢板。表面的锌已经完全转化为铁锌合金层，所形成的是平整而无锌花、有一定粗糙度而无光泽的表面。与一般的镀锌钢板相比，其表面性能发生了变化。

（1）单一的合金化层对钢板的附着力优于普通的热浸镀锌钢板表面，所以它的冷弯性能得以提高。

（2）合金化热浸镀锌钢板的表面是含铁量为7%~13%的铁锌合金层，它的电极电位比纯锌层正，它自身的腐蚀速度比纯锌层低，而且仍不丧失对钢基的电化学保护能力。带钢在涂敷之后而进入烘烤固化炉之前，溶剂虽然开始挥发，但大部分溶剂仍在涂膜之内，并随着带钢进入炉内，然后再挥发。根据统计，每生产彩色涂层钢板，有5~15g有机溶剂挥发。当考虑到在高速机组上涂敷钢板只需要一两分钟左右，在烘烤固化炉内溶剂的挥发量是相当可观的。烘烤炉内的温度一般在150~350℃或更高，在这种较高的温度下，涂料中的溶剂挥发出来，与空气混合后极可能发生爆炸。所以，合金化热浸镀锌钢板的总体耐腐蚀能力强于普通热浸镀锌钢板。

2.2.2.3　铝含量为55%的锌铝合金钢板

为了寻找耐苛刻腐蚀条件（如海洋性大气腐蚀）和在高温下（锌的熔点上下）抗氧化能力较好的镀层的最佳成分，美国伯利恒钢铁公司自1962年起，对铝含量为1%~70%的锌铝合金镀层进行了广泛研究。在此基础上确定了铝含量为55%、硅含量为1.6%为最佳成分，并于1972年6月宣布投入市场。

（1）镀层的耐腐蚀性能。铝含量为55%镀层的耐蚀性能良好，已为试验所证明。对55%铝锌合金的阳极极化曲线测定结果表明：当铝含量在50%左右时，其极化行为与锌相近似。在生产中是通过必要的监控手段来实现的。炉气成分自动分析仪将监测结果输送给控制涂敷机的计算机。一旦有机溶剂的含量达到或超过了所要求的控制浓度，辊涂机将接到相应的指令，使涂层头自动后退，不再进行涂料的涂敷。带钢自然只将不带有涂料的表面带入炉内，从而切断了炉内有机溶剂蒸气的来源。待炉内气氛恢复到安全状态，涂层机才恢复正常工作状态。

另外，在进行设计时，根据使用的涂料、生产速度等情况，将通风量设计得足以保证不会出现有机溶剂含量超过控制标准的情况出现，从而可以保证机组安全运转。采用这种将有机溶剂含量控制在爆炸极限以下的方法来防止爆炸时，对炉内的压力、炉口大小的要求都不太严格。

（2）对基板有着阴极保护的作用。当铝的含量再增加时，由于铝自身氧化后的钝化作用而使它对钢板的阴极保护作用降低。只有在潮湿的海洋大气条件下才有明显的电化学保护作用。

2.2.2.4　铝含量为 5% 的锌铝合金镀层钢板

铝含量为 55% 锌铝镀层，虽然能提高耐腐蚀性能，节约了锌能源。但是，由于镀层铝含量高也带来了一系列问题，首先是高的能源消耗和设备投资，其次是镀层对划伤、切口的阴极保护能力不足，以及在成型加工、焊接以及涂装性能上与镀锌板相比存在着差距。使用热风式加热炉，特别是采用以降低有机溶剂含量作为预防爆炸的手段时，废气中含有大量的有机溶剂，如果从烘烤固化炉中抽出并排入大气，将会对环境造成污染。另外，这种废气仍处于较高的温度（一般在 350℃ 以上），如果从烟囱中排放，也将携走大量的热能。这样烘烤固化炉的热效率就变得比较低，一般只有 10%~15%。由于这些原因，虽然已经投入市场，但是对锌铝合金镀层的研究仍未停止，而且都把注意力放在了含铝的镀层上。

比利时的冶金研究中心在对含铝 20% 以下的镀层研究中，把重点放在了 5% 锌铝体系中加入微量元素的研究。20 世纪 70 年代以来建立的彩色涂层钢板生产线大都是采用了炉气循环和二次焚烧的先进技术，利用废气中的热能，并将废气中有机溶剂加以焚烧，使之产生热能并加以利用，同时也防止了对环境的污染。这种技术在 1979 年获得了国际铝锌研究组织的赞助，经过工业性试验后于 1982 年投入市场。

A　镀层的成分和组织

目前对 5% 铝锌镀层性能的研究仍在进行中，取决于锌锅中实际的铝含量和冷却速度。所以其组织可以是微亚晶、全共晶或微过共晶，这种组织由亚共晶的小锌晶组成，它嵌在共晶的 5% 铝锌基体中。含有有机溶剂的废气以及由涂层机室抽出的含有机溶剂的空气，由管道汇集再经过热交换器以提高其温度，然后进入焚烧炉与燃料一起燃烧。产生的高温气体，在经过热交换器对含有有机溶剂的炉气预热之后，大部分被送往烘烤固化炉内对带钢进行加热，少部分通过烟囱排出。这部分气体在排放前，还可以再次通过一个热交换器吸收其一部分热量，这种系统的温度、风量参数等都是自动控制的。当钢板快速冷却时，对小富锌粒的生成起着抑制的作用，从而形成一种细小的共晶组织。镀层的最显著的特点就是不含有脆性的中间合金层。有人认为，这是由于加入稀土之后，加快了镀液对钢板的浸润，缩短了铁铝合金层的生成时间。

B　5% 铝锌镀层的性能

5% 铝锌镀层是细晶结构，而且表面富铝层厚于普通热镀锌钢板，所以具有较好的耐大气腐蚀性能。各地的研究者都认为它的耐腐蚀性介于 55% 铝锌镀层与镀锌层之间。

在不同的条件下，它比热镀锌板的耐腐蚀寿命提高 1~3 倍。但是，铅、锡、锑的存在容易引起镀层的晶间腐蚀。

镀层板的涂装性能试验表明，5% 铝锌合金镀层至少具有与镀锌板相当的黏附性，它经过碱性磷酸盐处理和铬酸盐预处理后，可以适用各种类型的环氧底漆，还适用于聚酯、聚氨酯等类涂料。

由于在镀层中不含有脆性的合金层，因此在加工成型性方面，其仍优于普通的镀锌板和镀层板。可焊性可以与镀锌板媲美，用于汽车时可以达到电极寿命 2000 个焊点的要求。

5%铝锌合金熔点为 385℃，所以在浸镀时温度可以比镀锌板低 20℃以上。另外由于锌中铝含量达到了 5%，对钢铁的浸蚀性增强，因此不能再用低碳钢制作镀锌装置。采用这种烘烤固化炉及焚烧系统，可以防止对环境的污染，提高烘烤固化炉的热效率。有的工厂曾对此进行了分析对比，当使用煤气为燃料时，充分燃烧后的热风温度可以达到 700～800℃，假设总热量为 100J，那么将温度稍低的废炉气预热后离开热交换器进入烘烤炉，这时热风的温度为 400～600℃，它们的能量约占总热量的 60%，其余的 40%能量，在进入烟道前又通过一个热交换器（如余热锅炉等），再次回收热量约 20%。剩余的 20%的热量随着温度为 200～300℃的废气由烟囱排出。这样热量的利用效率可以达到 80%。这比炉气直接排放热效率有明显的提高。一般的镀锌板生产线对此加以改造，用陶瓷锌锅来代替铁锅，以特种铸铁部件来代替低碳钢装置，可以生产镀层产品。有的镀锌板生产线增设一个锌锅，便可以用一条生产线交替生产两种产品，因此，得到了较快的发展，在诞生后 10 年中便建立 30 余条生产线，而且还有许多小型生产线甚至单张板镀锌机组都生产镀层。此外，它还推广到了线材和管材的镀层生产上。

2.2.3 电镀锌钢板

由于面临锌资源短缺的前景，对于一些环境不太恶劣的使用场合，很厚的镀锌层也显得不够经济。特别是冷轧薄板在经过热浸镀锌后，其深冲加工性能有所降低。在这种情况下，电镀锌钢板得到了开发与发展。与热浸镀锌钢板相比，电镀锌钢板耗锌量低，其电镀锌层厚度一般为 5～80μm。常用的是镀锌量在 40μm 左右的产品。

电镀锌钢板的一般性生产工艺为：

退火冷轧板卷—开卷机开卷—剪头尾—焊接—入口活套—张力矫直—刷洗—电解清洗—水洗—清洗—水洗—电镀—刷洗—磷化处理—水洗—（钝化处理—水洗）—干燥—出口活套—涂油—剪切—卷取。

由于电镀锌钢板不直接使用，在电镀锌后，立即进行磷化处理或钝化处理。这样既方便了用户使用，又增强了防腐蚀能力和涂层的附着力。由于在彩色涂层钢板的生产中，使用不同的涂料的涂敷和固化方式，因此在进行废气处理方面，有着相应的处理废气的方法。在采用电加热方式时，产生的废气量较少，溶剂的含量较高，往往采用其他方式进行处理。一种方法是用冷凝法将溶剂冷凝、回收。例如用液氮汽化，通过热交换器将含有溶剂的废气冷却，使其中的有机溶剂蒸气变为液体而被收集起来。这样得到的溶剂纯度较高，可以再次使用。使用这种方法，可以回收 90%～95%的有机溶剂。同时，汽化了的氮气还可以返回加热炉以保持炉内的惰性气氛。经磷化处理后的电镀锌表面，磷化膜的质量在 2g 左右，钝化后钝化膜的含铬量在 30～50g 范围内。

电镀锌钢板的表面具有类似于热浸镀锌合金化钢板的特点，适合于进行彩色涂层，而且电镀锌钢板的冷加工性能和焊接性能也优于热浸镀锌钢板。但是由于其镀锌层较薄，它的耐腐蚀寿命低于热浸镀锌钢板。由于电镀锌钢板的上述优点以及在生产中易于对双面镀层厚度进行控制，自 20 世纪 80 年代以后，获得了较快的发展。

自 1961 年以来，共建镀锌钢板生产线 18 条，年生产能力为 427.42 万吨。其中，电镀锌生产线 7 条，年生产能力为 168.1 万吨，占所有钢板生产能力的 39.3%。1975~1984 年建立镀锌钢板生产线 6 条，年生产总能力为 194.4 万吨。其中，电镀锌钢板生产线为 4 条，热浸镀锌钢板生产线为 2 条。电镀锌钢板年生产能力为 122.4 万吨，占所有钢板生产能力的 63%。

为了获得更好的耐腐蚀性能，自从 20 世纪 70 年代以来，国外在生产合金化电镀锌钢板方面进行大力开发。还有一种方法是利用含有重金属的催化剂将废气中的有机溶剂进行催化氧化。采用这种方法时存在的问题是要把废气预热到 400℃ 左右来进行催化氧化，要消耗一定的热量。另外，催化剂容易中毒，因此要经常进行更换。通过在镀锌层中引入少量合金元素的情况下，在较大幅度上提高了电镀锌钢板的腐蚀性能。

2.2.4　TFS 钢板

无锡钢板（tin free steel，TFS）是指没有镀锡层的表面处理钢板。一般分为铬系无锡钢板和镍系无锡钢板两类。目前所指多为铬系无锡钢板，即在钢板表面进行电解铬酸盐处理，使钢板表面沉积一层金属铬及铬的水合氧化物。由于锡价格较贵，且资源日益枯竭，因此，可替代镀锡板及低锡板的无锡钢板的发展前景日趋广阔。

2.2.4.1　无锡钢板的优点

（1）镀着量少。镀着量只是其相同性能马口铁镀着量的 3% 左右；成本低，每吨 TFS 的价格比镀锡板低 150 元左右。

（2）附着力强，涂漆性好。表层氧化膜呈蜂窝状且含有 —OH 等基团，对涂料的吸附力、润湿性强，为同种涂料在马口铁上附着力的 2~5 倍以上。

（3）耐温性好。锡熔点低（232℃），161℃ 以上时易脆化，加温时会与铁继续合金化，影响马口铁的加工性能及应用；此外，马口铁低温条件下出现"锡疫"现象（长时间在 13.2℃ 下锡会变成灰锡而慢慢自行粉末化）。TFS 氧化膜虽加温超 100℃ 会缓慢失水而转化为三氧化二铬，但不影响使用，在 300~400℃ 条件下短时间烘烤也很安全。

（4）高抗硫性、高耐碱性。因为铬和铬氧化物均不与硫和碱反应，所以 TFS 有很好的抗硫耐碱性能，同时对大气、有机溶剂、油类等均具有良好的耐蚀性能。TFS 的耐蚀能力主要取决于露铁针孔的多少和氧化膜本身的电化学特性。

（5）无毒性。将 TFS 用于食品罐，其无毒性为重要因素。TFS 的表面膜是通过电解处理制得的，其组成成分在化学上极为稳定，从表面膜的成分溶出的铬离子是极微量的。而且，对人体有害的六价铬离子完全未溶出。

2.2.4.2　无锡钢板的缺点

（1）铬层超过 $30mg/m^2$ 时其点焊性不良，需特殊焊接设备或除去铬层后焊接。为此，可采用极低铬层法和镀铬锡 2 层钢板法。

（2）氧化膜较厚时延展性变差，故深加工时要求涂料有好的耐深加工性能，以减少氧化膜的断裂和膜层机械损伤。

（3）抗酸性腐蚀稍差。

（4）表面易被污染，故需双面涂料后使用。

（5）工艺上，镀铬的电流效率较低，电解液的腐蚀性强，需进行含铬废水处理。

在第二次世界大战后，出现了镀锡薄钢板严重不足，世界主要产锡国家政局不稳的情况。在此形势下，为了寻求新的镀锡钢板替代品，人们先是用电镀锡钢板替代热浸镀锡钢板。这种产品虽然降低了锡资源的消耗，但同时由于锡镀层的减薄而降低了镀锡钢板的耐腐蚀性能。

为了获得新型的耐腐蚀性能良好的材料，美国伯利恒钢铁公司在 1956 年以后推出了一种新产品。在生产彩色涂层钢板的表面处理过程中的污水，主要是指经过长期使用，由于含有过量的杂质和反应产物而不能继续使用的处理液和由于滴、漏而从设备流出的处理液，还有一部分是在刷洗钢板时洗下的少量处理液进入刷洗用水中，浓度不断增加而必须排放的污水。在进行脱脂处理时产生的污水中主要含有碳酸钠、三聚磷酸钠等。它是将钢板在铬酸水溶液中进行阴极还原，在钢板表面形成阴极处理膜的产品。但是由于生成的处理膜不均匀，颜色或褐或黄，因而未被市场所接受。1961 年以后，日本东洋钢板（株）实现了工业化生产，并将表面有薄层的金属铬的水合氧化物层的钢板定型为 TFS-CT 钢板。

自 1961 年无锡钢板在日本开始工业生产以来，其生产和应用领域逐渐扩大。无锡钢板主要用作食品罐、食物和化工燃料容器、照相胶卷盒、自行车部件、家用电器、办公用品、建材、汽车部件等。我国 TFS 产品主要用作皇冠盖、四旋盖、浅冲二片罐罐身、三片罐的顶底盖、茶叶罐、美术罐、喇叭桶、压力罐、喷雾罐罐底等，此外，在保温瓶、电饭锅、电池等的外壳和汽车消声器等方面也有一定需求。国外大量使用内涂外印 TFS 铁作鱼肉类罐，特别是两片罐，以利于发挥 TFS 涂料铁优良的抗硫化黑变和附着力好的优势。为了弥补 TFS 的不足，国外开发了很多专用 TFS 涂料，从而使 TFS 得到广泛应用，开发的涂料主要集中在提高耐酸性腐蚀内涂料、各种功能性饮料内涂料、廉价的特效艺术罐（盒、桶）等外涂料和润滑性能好的深冲两片罐内外涂料，以上这些都有待国内涂料生产商的开发，以促进 TFS 的广泛应用。无锡钢板的应用领域广泛，但在这些领域中，作为一种电化学表面处理产品，控制 TFS 产品表面的细微结构，结合有机薄膜的涂覆，增加 TFS 产品表面功能化，对拓宽其应用领域有着重要作用。可以预测，至少在今后数年内，以食品饮料包装为中心，无锡钢板的需求量将会稳步增长。无锡钢板是在同镀锡板、铝、塑料等材料进行竞争。钢质罐是一种可回收利用的良好材料，2000 年其回收利用率达到 84.2%，是世界上回收利用率最高的材料。作为其竞争对手，铝罐的回收利用率为 80.6%，PET 塑料瓶的回收利用率只有 34.5%。因此，无锡钢板要继续生存，需更加兼顾能源、资源、安全、环保、便利性、创意性和经济性。

2.3　对基板的质量管理

彩色涂层钢板的质量性能是建立在彩色涂层的防腐蚀、装饰性能和基板的耐蚀与力学性能的基础之上的，若使用了不合格或不能满足彩色涂层钢板订货要求的原板，就不可能生产出合格的彩色涂层钢板产品。因此要在订货、验收时，严格对基板质量进行管理。

2.3.1　基板的订购

订购基板要注意以下事项：

（1）要了解彩色涂层钢板用户对基板规格和性能的要求，以及用途与加工方法等有关情况。

（2）要明确有关基板的规格，如品名（热镀锌板卷）标准、表面状态、锌花的大小和有无、镀后处理情况（有否钝化、涂油等）、镀锌量及范围、板卷的尺寸规格（宽、厚、板内外径和卷重限制）、力学性能与尺寸适用标准和范围。

（3）对包装、运输方式和有关合同内容的认可。由于习惯上是钢板卷在出厂随后中的运输途中产生较严重锈蚀时，生产厂方并不负责，特别情况下如经过长途海运时，可考虑是否参加保险。

2.3.2　基板的接受入库

（1）彩色涂层钢板原板所使用的库房应符合干燥、无砂尘、无腐蚀气体的条件，并尽量缩短储存时间。

（2）原料板卷到货后，要按订货合同进行对照，无误后方可入库。入库时要注意在装卸时不要损坏板卷包装，同时目测检查包装有无损坏、有无严重锈蚀或水浸等情况，并做好记录。

2.3.3　基板的开卷检查验收

镀锌板卷入库后，按规定进行开卷检查验收。打开板卷后，首先进行目测检查，发现锈蚀或两面状态不同时要认真记录。由上述可见，在生产彩面调整、磷化处理、铬化处理和钝化处理的废液时，这些废液的总量、酸碱性以及所含的对环境可能造成污染的离子都不相同。但从整体来讲，对环境污染严重的有 Cr^{6+}、Cr^{3+}、F^-、Zn^{2+} 等。如目测合格后，对镀锌钢板进行质量性能检验，检查的项目决不能少于对彩色涂层钢板检查的相应项目，检验结果必须在生产计划下达之前上报，这是可否使用于生产的依据之一。

2.3.4　热镀锌板质量检验

热镀锌钢板质量检验包括下列内容。

2.3.4.1　取样

为了做好性能检验，取得可靠的结果，首先要做到合理取样。取样要有代表性，位置、数量要合理，这样检验的结果才可靠。另外，要考虑到操作和成本，取样的数量应尽量少。具体取样方式如下：所取试样长度不小于 500mm，应与板同宽。

2.3.4.2　镀锌钢板力学性能的检验

（1）拉力试验。通过试验确定镀锌钢板的屈服极限、抗拉强度和伸长率。

（2）杯突试验。利用埃利克森试验机测定镀锌钢板的深冲加工性能。

（3）热镀锌钢板锌层附着性能试验。热镀锌的目的是在钢板上形成耐腐蚀性能良好的护层。所以镀锌层的附着性能好坏是热镀锌钢板性能的重要指标。通过检验来考核镀锌层的韧性（裂纹）、镀锌层的附着性能（脱落）。所用的方法如下：

1）折叠试验。对于厚度小于 2.5mm 的镀锌钢板，使用双曲万能折叠试验机进行折叠试验，按照一定的方向观察折叠试样，根据结果作出判断。

2）球冲试验。在压缩空气锻球试验机上进行球冲试验。根据不同的板厚，确定冲击次数和冲击球的直径，沿带钢宽度方向的两边和中间共测试三点。

3）弯曲试验。当镀锌钢板厚度超过 2.5mm 时，则不采用折叠试验的方法。

（4）镀锌层厚度（质量）的测定。镀锌层的厚度控制决定了它的使用寿命。因此，需要对镀锌钢板的镀锌层质量进行准确的测定。取样后，进行测定。通常有如下几种方法：

1）化学法。用含有三氯化锑缓蚀剂的盐酸溶液，将试样上的全部镀锌溶解掉，然后根据前后的质量差，求得被溶解掉的镀层的质量。

所用溶液的配制方法如下：

缓蚀剂：将质量为 20.0g 的三氧化二锑试剂溶解于密度为 $1.18 \sim 1.19g/cm^3$ 的分析纯盐酸中，然后用同样的盐酸稀释至 1000mL。

试验溶剂：在 100mL 密度为 $1.18 \sim 1.19g/cm^3$ 的分析纯盐酸中，加入上述缓蚀剂溶液 5mL。

试验进行时，先将试样用分析天平称重，然后在溶剂中溶去镀层，再经水洗、擦干、称重，求得镀层质量。

采用此种方法结果准确与否的关键在于要准确地判定酸洗终点，而这需要有一定的经验。由于利用这种方法测定镀层质量时，酸洗终点较难判定，所以后来的检测标准采用六亚甲基四胺（乌洛托品）作为缓蚀剂。所得镀层质量一般会比用前一方法所得结果稍低。

2）磁性测量法。磁性测量法是利用磁性测厚仪测定钢板或标准样板以及镀锌钢板表面的磁阻，从而算出非导磁层即镀锌层的厚度。由于这种方法只能测定探头所接触点的镀层厚度，而误差较大，所以尽管这种方法可以快速无损地测定镀层厚度，也只能作为参考值而不能以此作为主要依据。

3）电化学溶解法。根据法拉第定律，1mol 金属的析出，需要 96500C 的电量。因此，将一定面积的镀锌钢板作为阳极，在一定的电解质溶液中（如含硫酸锌等）以恒电流（如电流密度为 2.0A）电解至终点。根据所用的时间求得电量，以换算出锌层的质量。使用专门制作的电解槽，可以很快而准确地获得结果。

2.3.4.3 铬酸钝化膜的判定与测定

镀锌钢板的镀后铬酸处理是其产品防锈处理方法中的一种。对于彩色涂层钢板生产厂来讲，可以根据基板与生产衔接情况来决定是否采用钝化、涂油还是不作任何处理，并在合同中予以确定。

钝化膜是指用钝化处理所得的膜。生成很薄的、无色的，实际上看不见的铬酸盐膜的处理，通常称为"钝化"。而生成较厚的、着色铬酸盐转化膜的处理，通常称为"铬酸盐处理"，而不采用"钝化"术语。

溶解 50g 含三个结晶水的乙酸铅于 1000mL 蒸馏水或去离子水中，其 pH 值应在 5~6.8之间。只要不把溶液的 pH 值降低到 5.5 以下，则在溶液的最初配制过程中所形成的任何白色沉淀都可加少量的乙酸铅予以溶解。只要形成白色沉淀，就要把溶液倒掉。试验时，将一滴乙酸铅溶液滴于镀锌钢板表面进行观察。如果镀锌钢板表面没有钝化膜时，在 2~5s 内，溶液即与表面反应并形成黑斑。如果在镀锌钢板表面滴上乙酸铅溶液后，经过 60s后才形成黑斑，说明在镀锌钢板表面有钝化膜。如果在滴液处经过 3min 后才生成黑斑，则说明镀锌钢板表面不仅经过钝化处理，而且还经过涂油或涂蜡处理。

对镀锌钢板进行铬酸钝化处理的目的是在表面形成钝化膜来增强产品在运输和储存过程中的防锈能力，一般要求表面含铬量不低于12g。

测定表面含铬量的方法是将表面的铬溶解之后，用比色法测定六价铬的含量。对于表面所含的三价铬，则通过使用氧化剂（如高锰酸钾）使其氧化为六价铬后测定。

在表面钝化后30min之内（未老化）立即取样测定时，可以用蒸馏水溶解试样表面的钝化膜。对钝化后已超过30min以上的（老化后）试样，则使用硫酸-磷酸溶液（酸溶）或使用氢氧化钠溶液（碱溶）来溶解试样表面的钝化膜，然后进行铬的比色测定。

2.3.4.4　表面粗糙度测定

利用专门的粗糙度测量仪，按规定在一定长度上测量长度方向上的最高点、最低点数值，求其平均值，用以标志表面粗糙度，供涂装时参考。

2.3.4.5　热镀锌钢板的常见质量缺陷及产生原因

热镀锌钢板的质量缺陷是指从生产厂和用户两方面所看到的产品缺陷。在生产彩色涂层钢板前热镀锌钢板存在的质量缺陷，在彩色涂层钢板的生产过程中不可能得到恢复。一般在大多数的工厂里，不仅只有彩色涂层钢板生产线，往往还有其他生产过程，同时产生一些工业污水，例如往往有钢板酸洗或电镀锌生产线，产生废酸等含 Fe^{2+}、Zn^{2+} 的污水。

在这种情况下，往往是将这些污水统一进行处理。处理时，将含铬的污水与其他污水分作两条路线进行处理。一是将含 Cr^{6+} 的废水的值调至适当的范围后，进行还原使之成为 Cr^{3+}，然后再调节 pH 值，使 Cr^{3+} 以沉淀的形式析出。另一部分则经过 pH 值调节及化学处理，使其中重金属等有害离子形成沉淀，然后经过漂浮分离，将沉淀与含铬的沉淀共同经过压滤而分离。被分离出的滤渣已不溶于水，便于另行处理。使用有质量缺陷的基板必然得到残次产品，因此除了对热镀锌基板要进行严格检查，也要对镀锌板的质量缺陷有较全面的了解。

基板缺陷进行分类，大体可以分为外表可见的缺陷、经性能检验发现的缺陷、经储运后产生的缺陷。这些缺陷的检查及成因的分析，对提高产品质量以及处理基板质量异议有着重要的作用。

思　考　题

2-1　生产彩色涂层钢板通常采用哪几类基板，各有何特点？

2-2　生产彩色涂层钢板对板形有哪些要求？

2-3　彩涂板与传统镀锌板相比有哪些优点？

2-4　彩涂工艺在小锌花热浸镀锌钢板、合金化热浸镀锌钢板、铝含量为55%的锌铝合金钢板等不同镀锌板上涂覆工艺有何区别，产品性能有何区别？

2-5　无锡钢板作为彩涂板基板与镀锡板及低锡板做彩涂板基板相比有何优势？

2-6　通常企业对彩涂板基板的检测指标主要有哪几类？简述其检测方法。

3 基板的预处理

3.1 基板预处理的目的

基板预处理的目的主要包含如下几方面：

（1）预处理提高涂层与基体的结合力。范德华力 $F \propto 1/L^6$，其中 L 为分子间距离，即分子间作用力与分子间距离的 6 次方成反比。通过预处理去除基体表面上的附着物，减小分子间距离，因而大大提高涂层的结合力。前处理中形成的转化膜为微观多孔性物质，涂料可以充分渗透到转化膜孔隙中，形成"抛锚效应"，使结合力增强。

（2）预处理增强涂层的抗蚀能力。涂膜的腐蚀主要是环境中的水、空气渗透到基体表面发生的电化学腐蚀。通过预处理在基体表面形成一层致密的、不导电的涂膜，使腐蚀原电池难以形成，大大减缓涂层腐蚀的速率。

（3）预处理提高涂层的装饰性。基体表面的平整度（或粗糙度）影响涂膜对基体的附着力和涂层的光泽。粗糙的表面，形成的膜层厚度不均，涂层暗淡无光，较薄的部位容易出现破坏。粗糙度过大，涂膜与基体间夹杂空气，造成涂层起泡脱落。因此，涂膜前需要对基材表面进行平整处理。转化膜处理也是降低宏观粗糙度的重要措施，能显著提高涂层装饰性。

3.2 基板预处理的工艺流程

现代彩涂机组的两种典型预处理工艺流程如图 3-1 所示。

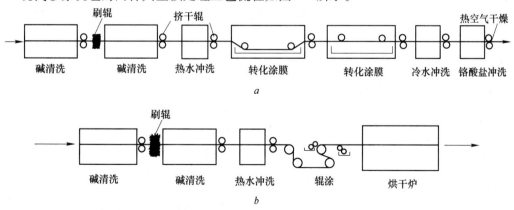

图 3-1 彩色涂层钢板生产线典型预处理工艺流程
a—传统式预处理工艺；b—辊涂法预处理工艺

（1）清洗、冲洗。目的是除去基材表面的油脂、灰尘和金属屑等杂质，使金属表面非常洁净并容易浸润，以确保在化学转化处理时，在基材表面形成一层结构均匀、结合力较强的化学转化膜。

在清洗操作中，往往通过刷辊来刷洗钢带，将钢带黏附力强的污垢和粗松的氧化物除去，还可轻度磨削，使钢基表面有活性。

（2）化学转化处理。为获得均匀致密耐蚀优良的化学转化膜，基材还需预先进行表面调整处理，即预活化处理。如果采用磷酸盐转化膜处理，因为这种磷酸盐膜是多孔的，随后需要封孔处理，一般用铬酸盐处理封孔很有效。

辊涂法进行化学处理可以大大简化磷化处理工序，基材经充分清洗和冲洗后，可不经干燥直接辊涂上转化处理液于钢带，而后又不经水洗直接干燥再行涂装，这不仅方式简便，又没有污染。

3.3 基板的表面清洗

洗涤过程中，洗涤剂（表面活性剂）是必不可少的，洗涤剂的作用一是去除基板表面的油污，二是对油污起分散、悬浮作用，使它不易在基板表面上再沉积，因此可用下式表示洗涤作用：

$$基板·污垢+洗涤剂\Longleftrightarrow 基板·洗涤剂+污垢·洗涤剂$$

整个作用是在介质（水）中进行，洗涤剂与基板及污垢的结合反映了洗涤过程的主要作用，即污垢与基板分开，脱离基板表面，进而被分散，悬浮于介质中，经冲洗后除去，完成洗涤过程。上述关系式中的平衡双向箭头符号表示存在污垢再沉积于基板表面的可能性。若是洗涤剂性能差，一是使污垢与基板表面分离的能力差，二是分散悬浮污垢的能力差，易于再沉积，洗涤过程不能很好地完成。

基板表面的污垢分为液体污垢和固体污垢。液体污垢一般有防锈油、轧制润滑油和机械油，固体污垢如尘土、锈、积炭、泥等。有时两者经常混合在一起，液体包裹住固体微粒，黏附于基板表面，因此混合污垢与基板表面黏附的本质，基本上与液体油类污垢相似。液体污垢与固体污垢在物理性质和化学性质上存在较大差异，故两者在基板表面去除的机理也不相同。两类污垢与表面的黏附力主要是范德华引力。在水介质中，静电引力一般要弱得多，污垢与表面一般无氢键形成，但若形成时，则污斑难以去除。

3.3.1 固体污垢的清洗原理

3.3.1.1 润湿作用

凡固体表面被液体覆盖的现象称为润湿。当固体被液体润湿后，固-液体系的自由能降低，自由能降低越多，则润湿性能越好。润湿与不润湿是由液体分子间引力和液体与固体分子间引力的大小决定的。

图 3-2 为液体润湿现象的几种状况。由图 3-2 可知，润湿的大小取决于接触角 θ 大小。当液体全部在固体表面上润湿时，接触角 θ 几乎是零；$\theta < 90°$ 时，液体能部分润湿固体；当 $\theta > 90°$ 时，液体不能润湿而呈珠状。

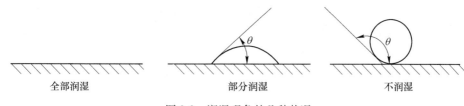

全部润湿　　　　　　　部分润湿　　　　　　　不润湿

图 3-2　润湿现象的几种状况

其他如固体表面的结构和粗糙程度、液体的黏度、电解质的加入等因素也都能影响表面活性剂的润湿性能。

3.3.1.2　乳化作用

两种互不相溶的液体混合后（如水和煤油），经剧烈振荡，油层被粉碎成细滴，互相混合，成为混合体；但停止振荡，水和油又重新分为油层和水层。如果在水中加入少许表面活性剂，再用力振荡，则油滴被分散成极细的液滴，分散的粒子间包覆一层吸附薄膜，可防止粒子凝聚，而形成一种稳定的乳液，这种现象称为乳化。

水和油两种互不相溶的液体，为什么加入表面活性剂后便成为稳定的乳液呢？因为在未加入表面活性剂前，油中的疏水性液体变成微小的粒子，扩大了它和水的接触面，由于油-水两相界面的张力比较大，它们之间的相斥力增大，疏水性的微粒相吸而聚集，最终形成油、水分层。加入表面活性剂后，降低了水-油间的表面张力，使疏水性液体微粒相聚集的机械能减少。同时由于表面活性剂的作用能使液滴带有一定量的电荷或能与水发生较强的水化作用，在液滴表面形成一层吸附膜，因此微小液滴不能再聚，也不能分层。洗涤剂能取出织物上的油污，是和它的乳化作用分不开的。合成洗涤剂活性物分子具有一个疏水基和一个亲水基，洗涤剂活性物分子的疏水基一端溶到油滴中，而亲水基一端留在水中，这样活性物分子就吸附在界面上，按一定方向排列成一层保护层，使原来疏水性的油滴带有亲水性质，便可和水联结在一起。正是由于洗涤剂分子本身的定向吸附，在油滴表面形成定向的保护层，降低了油-水相界面上的表面张力，减低了油在水中分散所需的功，再加上机械搅拌等作用，才使乳液稳定。

3.3.1.3　分散作用

一般不溶性固体，如尘土、烟灰、污粒在水中是易于下沉的。当加入洗涤剂后，洗涤剂活性物分子就能使固体粒子分割成无数微细的微粒而完全分散悬浮在溶液中，这是因为活性物的疏水基烃链可吸附在固体粒子表面，而另一端亲水基伸入水中，在固体粒子周围形成一层亲水性吸附膜，由于洗涤剂与固体粒子之间的表面张力小于固体颗粒内部之间的表面张力，洗涤剂分子的润湿力破坏了固体微粒之间的内聚力，因为洗涤剂分子进入固体粒子的缝隙而使粒子破裂成微小质点，分散在水中。由于微粒外层都包有一层亲水性的洗涤剂分子吸附膜，还带有一定电荷，所以就不容易再凝集在一起了，如图 3-3 所示。

分散了的粒子质点的细碎程度是影响分散稳定

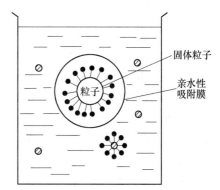

固体粒子

亲水性
吸附膜

图 3-3　固体粒子分散在洗涤溶液中

性的主要因素。通常粒子直径在几个纳米就可得到比较稳定的悬浮液，如果粒子在 0.1nm 以下，那就成为稳定的胶体溶液。在溶液中加入少许高分子有机物，如羧甲基纤维素可以增加分散稳定性，一些无机盐，如水玻璃、磷酸盐等也有同样效果。

各种洗涤剂的分散能力是不同的，而且差异较大。如环氧乙烷缩合物、烷基酚聚氧乙烯醚的分散作用比较显著，而烷基磺酸钠的分散作用就很差。

3.3.1.4 增溶作用

表面活性剂在水溶液中形成胶束，具有能使不溶或微溶于水的有机化合物的溶解度显著增大的能力，且溶液呈透明状，这种作用称为增溶作用。例如，煤油等油类物质是不溶于水的，但是加入了表面活性剂后，油类就会"溶解"，这种"溶解"与通常所讲的溶解或者乳化作用是不同的，只有在表面活性物达到胶束临界浓度时才能溶解，这时活性物胶束把油溶解在自己的疏水部分之中。因此，凡是能促进生成胶束及增大胶束的因素都有利于增溶。

实践证明，表面活性剂的浓度在临界胶束浓度前，被增溶物的溶解度几乎不变；当浓度达到临界胶束浓度后，则溶解度明显增高，这表明起增溶作用的内因是胶束。如果在已增溶的溶液中继续加入被增溶物，当达到一定量后，溶液呈白浊色，即为乳液，在白色乳液中再加入表面活性剂，溶液又变得透明无色。这种乳化和增溶是连续的。但乳化和增溶本质上是有差别的。

增溶作用是洗涤剂活性物的特有性质，对去除油脂污垢有十分重要的意义。许多不溶于水的物质，不论是液体还是固体都可以不同程度地溶解在洗涤剂溶液的胶束中。

同样，合成洗涤剂增溶作用的大小根据洗涤剂的种类不同而异，根据被增溶对象的性质以及有无外来的添加物而变化。从活性物结构来讲，对油类的增溶，长链疏水基应比短链强，不饱和烃链应比饱和烃链差些，非离子型洗涤剂的增溶作用一般都较显著。从被增溶物来讲，被增溶物的相对分子质量越大，增溶性就越小。分子结构中有极性基或双键时，增溶性就增大。

3.3.1.5 起泡和消泡作用

泡沫是空气分散在液体中的一种现象。在肥皂或洗涤剂溶液中，通过搅拌等作用，空气侵入溶液中，洗涤剂的活性分子或离子能定向地吸附在空气-溶液的界面上，亲水基被水化（被水分子包围），在界面上生成由水化的活性物形成的薄膜，即泡沫。当起泡表面吸附的定向排列的洗涤剂分子达到一定浓度时，气泡壁就形成一层坚固的膜，不易破裂也不易合并，由于气泡的相对密度小于水，这样气泡上升到液面，又把液面上的一层活性物分子吸附上去。因此，跑出液面的气泡包有两层活性物分子，它与液面里的空气泡不同。跑出液面的气泡两层活性物分子的疏水基都是朝向空气，如图 3-4 所示。气泡 A 是溶液中的气泡，气泡 B 是即将跑出液面的气泡，气泡 C 是跑出液面的气泡。

泡沫的形成主要是合成洗涤剂中活性物定向吸附作用，是气体-溶液两相界面的张力所致。泡沫的产生对洗涤剂的洗涤效果一般影响不大，但是泡沫对洗涤剂的携污作用还是有帮助的，因为一部分污垢质点可以被洗涤剂的泡沫膜黏附，随同泡沫漂浮到溶液的表面。例如，有一种泡沫去污法就是利用固体吸附于气泡的原理，可以有效地抹去汽车表面的污粒而不会擦伤汽车表面的涂层。虽然泡沫对织物的去污有一定帮助，但是，泡沫过多

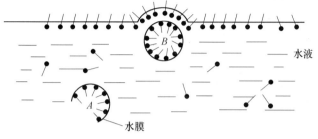

图 3-4   泡沫形成示意图

或泡沫经久不消除，对洗涤各种器具是不利的。尤其是洗衣机中泡沫较多的洗涤剂是不受欢迎的，因此近年来普遍生产低泡或无泡洗涤剂，这对降低或减少环境污染是有利的。

表面活性剂的类型是决定气泡性的主要因素。阴离子表面活性剂的起泡力最大，其中以十二醇硫酸钠、烷基苯磺酸钠的泡沫最为丰富，非离子表面活性剂次之，脂肪酸酯型非离子表面活性剂起泡力最小。影响起泡力的因素还有温度、水的硬度、溶液的 pH 值和添加剂等。

要使洗涤剂活性物的起泡性降低，同时又不影响去污能力，可以加入泡沫抑制剂，常用的有肥皂、脂肪酸、脂肪酸酯、聚三乙醇脂肪酸酯、聚醚、有机硅消泡剂等。有些低级醇如甲醇、乙醇、异丙醇、丁醇等虽有消泡效果，但只有暂时的破泡功能。

由此可知，凡具有破泡能力的物质，称为消泡剂。一般具有消泡能力的液体，其表面张力都较低，且易于吸附、铺展于液膜上，使液膜的局部表面张力降低，同时带走液膜下层邻近液体，导致液膜变薄，泡沫破裂。有些消泡剂在加入溶液后，经一段时间便会丧失消泡能力，其原因可能是溶液中起泡剂的浓度大于表面活性剂的临界胶束浓度（CMC），加入的消泡剂被起泡剂胶束所增溶，以致不能在液膜上铺展，使消泡能力下降。

3.3.2   液体污垢的清洗原理

洗涤过程是相当复杂的，这是由于污垢和洗涤剂的组分本身复杂，而织物纤维的性质和结构又多种多样。可以认为，洗涤作用是污垢、物体与溶剂之间发生一系列界面现象的结果。

大多数洗涤过程是在水溶液中进行的。首先是洗涤液能润湿固体表面（事实上，洗涤液的表面张力较低，绝大多数固体表面能被润湿），若固体表面已吸附油污，即使完全被油污覆盖，其临界表面张力一般也不会低于 30mN/m，所以表面活性剂溶液能很好地润湿固体表面，而污垢之所以牢固地附着在固体或纤维之间，主要是依靠它们之间的相互结合力。洗涤剂的去污，就是要破坏污垢与固体或织物间的黏附键，降低或削弱它们之间的引力。

洗涤剂活性物分子中有良好的表面活性，其疏水基一端能吸附在污垢的表面，且可渗入污垢微粒的内部，同时又能吸附在织物纤维分子上，并将细孔中的空气顶替出来，液体污垢通过"卷缩"，逐渐形成油珠，最后被冲洗或因机械作用离开固体表面，如图 3-5 所示。

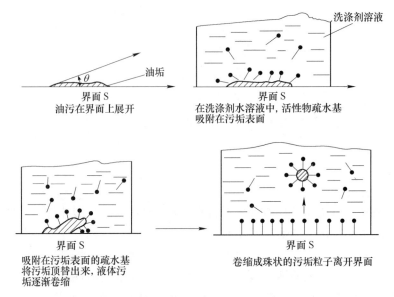

图 3-5　液体污垢在洗涤剂溶液中脱落示意图

克令（Kling）和兰吉（Lange）曾研究了油滴卷缩和脱落的过程。固体表面与油膜有一接触角 θ，油-水、固体-水和固体-油的界面张力分别是 γ_{wo}、γ_{sw}、γ_{so} 表示，在平衡条件下满足下列关系式：

$$\gamma_{sw} = \gamma_{so} + \gamma_{wo}\cos\theta$$
$$\gamma_{so} = \gamma_{sw} - \gamma_{wo}\cos\theta$$

在水溶液中加入表面活性剂后，由于表面活性剂溶液吸附于固-水界面和水-油界面，于是 γ_{sw}、γ_{wo} 降低。为了维持平衡，$\cos\theta$ 负值变大，即 θ 变大。当接近 $\theta = 180°$ 时，表面活性剂水溶液完全润湿固体表面时，油膜便变为油珠而离开固体表面。

由此可见，当液体污垢与固体表面接触角 $\theta = 180°$ 时，油污便可离开固体表面。若 $90° < \theta < 180°$，油污没有完全脱落，即使在机械作用或流动水冲击下，仍有部分油污残留在固体表面上。为彻底去除残留油污，此时需要增加洗涤剂的浓度或提高机械功。

除了上述所说液体污垢的去除主要依靠洗涤剂活性物的润湿作用外，还有增溶和乳化作用机理。增溶作用的机理认为，液体污垢在表面活性剂胶束中增溶是去除油污的重要机制。当洗涤剂的浓度达到 CMC 以上时，从织物表面去除油污的作用才是明显的，低于 CMC 时，增溶发生在细小的珠状胶束中，也就是说此时只有少量的油污被增溶。只有当洗涤剂的浓度高于 CMC 时，才能形成更大的胶束。同时，洗涤剂中有不少无机盐也能促进胶束形成，增强洗涤剂的去污效果。

乳化作用与许多表面活性剂的洗涤力似乎无多大直接关系，但通常洗涤剂都有不同程度的乳化性质。油污在表面活性剂的作用下，能分散成液滴，分散在水中形成乳白色，一旦油污液在液体中形成，界面增大将加速增溶或使油污液珠吸附更多的表面活性物而被乳化。

3.3.3 水介质中污垢的清洗原理

液体污垢的去除原理，主要依靠表面活性剂溶液对固体污垢在固体表面的黏附性质不同。固体污垢在固体表面上的黏附不同于液体污垢那样铺展，往往仅在较少的一点与固体表面接触、黏附。固体污垢的黏附主要依靠范德华力，其静电作用较弱。固体污垢微粒在固体表面的黏附程度，一般随时间的增长而增强，潮湿空气中较干燥空气中的黏附强度高，水中的黏附强度又较空气中低。在洗涤过程中，首先是洗涤剂溶液对污垢微粒和固体表面的润湿，在水介质中，在固-液界面上形成扩散双电层，由于固体污垢和固体表面所带电荷的电性一般相同，两者之间发生排斥作用，使黏附强度减弱。在液体中固体污垢微粒在固体表面的黏附功：

$$W_a = \gamma_{S_1W} + \gamma_{S_2W} - \gamma_{S_1W_2}$$

式中　　W_a——污垢微粒在固体表面的黏附力；

γ_{S_1W}——固体-水溶液的界面自由能；

γ_{S_2W}——微粒-水溶液的界面自由能；

$\gamma_{S_1W_2}$——固体微粒界面上的界面自由能。

若溶液中的表面活性剂在固体在微粒的固-液界面上吸附，那么γ_{S_1W}和γ_{S_2W}势必降低，于是W_a变小，可见由于表面活性剂的吸附，使微粒在固体表面的黏附功能低，因此，固体微粒易于从固体表面上去除。一般由于表面活性剂在固-液界面上吸附，使固-液界面形成双电层，由于大多数固体污垢为矿物质，它们在水中带有负电荷，而固体表面都呈阴电性，于是两者产生静电斥力，从而减少它们之间的黏附力，甚至完全消除，导致污垢的去除。另外，水还能使固体污垢膨胀，进一步降低污垢微粒-固体表面的相互作用，有利于污垢的去除。若在洗涤时施加外力，使其在强大的机械运动和液体冲击下，则更有利于使污垢微粒从固体表面去除。

合成洗涤剂的去污能力与洗涤剂中活性物的成分和外界条件，如温度、酸碱度、深度以及机械作用的强弱等因素有关，这些因素又因不同的固体物质而异。

3.3.4 清洗用助洗剂

清洗液中的常用的碱性化合物有以下几种。

（1）氢氧化钠（苛性钠），是一种强碱化合物，它在水中溶解后直接电离产生（OH⁻）离子：

$$NaOH \longrightarrow Na^+ + OH^-$$

提供碱度，与酸性污垢或动植物油脂反应，生成能溶于水的甘油和脂肪酸盐，溶解分散在水溶液中。所生成的脂肪酸钠皂不仅自身有水溶性，而且也起表面活性剂的作用，能使不活性的油污被残余的碱乳化、分散。

（2）无水碳酸钠（纯碱），是一种无结晶水的颗粒很小的白色结晶粉末。碳酸钠本身并非是很有效的洗涤剂，但在其他各组分配合下，它在溶液中的碱性对清洗除油过程是很有利的。碳酸钠水解能生成碳酸氢钠，并呈弱至中的碱性，有一定的皂化能力和缓冲 pH 值的作用。它不像氢氧化钠那样对有色金属不利，可用于有色金属的除油，并成为铝、锌等金属和合金除油液的主盐。

（3）磷酸盐，包括磷酸三钠（Na_3PO_4）、磷酸氢二钠（Na_2HPO_4）、三聚磷酸钠、焦磷酸钠（$Na_4P_4O_7$）等都属于弱碱性化合物。具有优良的渗透润湿乳化和络合功能，对油污等洗出物有较好的分散作用。

磷酸三钠是磷酸的正盐，它的水溶液 pH 值较高，适合作强碱性清洗剂的助洗剂。

磷酸氢二钠是磷酸的酸式盐，水溶液的 pH 值比磷酸钠低，适合作弱碱性清洗剂的助洗剂。

焦磷酸钠是由两分子磷酸氢盐聚合而成，它的 pH 值较高，适合作强碱性清洗剂的助洗剂。

三聚磷酸钠是三分子磷酸盐聚合而成的直链结构分子。一般作中性清洗剂的助剂。

聚合磷酸盐最大的特点是不仅能起碱剂作用，而且能与水中钙镁离子结合生成在水中稳定分散的螯合物。由于有这种性质，三聚磷酸钠被当作硬水软化剂和各种洗涤剂的助剂而大量使用。但是当它们作为洗涤废水的一部分排放在江河之中后，就变成造成水质富营养化的物质元素。水质富营养化造成了严重的环境问题，因而工业用清洗剂提出无磷化的发展方向。

（4）硅酸盐。一般用 $a Na_2O \cdot b SiO_2 \cdot c H_2O$ 表示它的分子组成比例，如正硅酸钠（$2Na_2O \cdot SiO_2 \cdot 5H_2O$）、偏硅酸钠（$Na_2O \cdot SiO_2 \cdot 5H_2O$）、水玻璃［$Na_2O \cdot (2 \sim 4) SiO_2 \cdot H_2O$］都属于这一类物质。工业上用作清洗助剂的主要有正硅酸钠和偏硅酸钠两种。

正硅酸钠是一种透明黏稠半流动物质，而偏硅酸钠是一种白色吸湿性强的粉末。这两种物质都是价格便宜的助剂。它们在用作清洗剂时，在水溶液中水解并形成硅酸盐胶体，胶体表面对亲油性污垢有强烈的吸引力，使亲油性污垢从清洗对象表面解离分散下来，而胶体状态的硅酸盐会沉积在被清洗的金属表面上形成一层保护膜，保护金属免受溶液中的碱性离子（OH^-）的腐蚀。一般有色金属在碱性水溶液中易受到腐蚀破坏，但在高 pH 值的硅酸盐碱性溶液中却十分耐腐蚀，就是因为硅酸盐胶体有良好的抑制腐蚀效果。

3.3.5　清洗用缓蚀剂

对于金属进行清洗时，清洗剂对于金属特别是有色金属具有一定的腐蚀性。即使对于钢铁，也要考虑在整个清洗过程中的防锈问题，所以在清洗中要加入缓蚀剂。常用的缓蚀剂如下：

（1）铬酸盐。这是一种使用较早的缓蚀剂，具有较好的效果。应用较多的是铬酸钠（$Na_2CrO_4 \cdot 4H_2O$）和重铬酸钾（$K_2Cr_2O_7$）。其作用是直接或间接氧化金属，在其表面形成金属氧化物保护膜（钝化膜）而抑制金属的腐蚀，所形成的钝化膜使金属的腐蚀电位正向移动，出现钝化现象。例如，在钢铁表面形成的钝化膜是连续而致密的，其主要成分是 $\gamma\text{-}Fe_2O_3$ 和 Cr_2O_3，膜的外层是高价铁的氧化物，内层是各种价态铁的氧化物。

在研究铬酸盐缓蚀机理时还有一种吸附学说，即认为在介质中加入铬酸盐之后，在金属表面形成氧的吸附层。其反应过程是：

$$Cr_2O_7^{2-} + 8H^+ + Fe \longrightarrow 2Cr^{3+} + 4H_2O + O_2 \cdot O \cdot [Fe]$$

其中，$O_2 \cdot O \cdot [Fe]$ 中的氧在铁的表面进行化学吸附形成化学吸附膜。以上两种学说归纳起来可以说明铬酸盐对中性介质中钢铁缓蚀作用的机理。

铬酸盐是较典型的阳极缓蚀剂，故存在临界保护浓度的问题。当水中铬酸盐的使用浓度高于其临界浓度时，则碳钢的腐蚀速度降到很低的数值，从而得到保护；当铬酸盐的使用浓度低于其临界浓度时，碳钢会发生明显的腐蚀，这是使用铬酸盐时遇到的主要问题。铬酸盐的临界浓度随水中氯离子和硫酸根离子浓度增加而增加，在25℃充气的水中，铬酸盐临界浓度和［Cl^-］、［SO_4^{2-}］的关系如下：

$$lg[Na_2Cr_2O_4]_{crit} = 1.40 + lg[Cl^-]$$

$$lg[Na_2Cr_2O_4]_{crit} = 1.38 + lg[SO_4^{2-}]$$

当水中氯离子、硫酸根离子浓度过高或铬酸盐用量不足，非但不能抑制腐蚀，反而会引起局部腐蚀。因此，在实际应用时，铬酸盐通常以较低的剂量与其他缓蚀剂（如锌盐、聚磷酸盐、硅酸盐、磷酸盐等）配成复合缓蚀剂再使用。

（2）亚硝酸盐。用作水介质缓蚀剂的亚硝酸盐主要是亚硝酸钠和亚硝酸铵。亚硝酸盐是种氧化型缓蚀剂，它可以在金属表面形成钝化膜，其主要成分是 γ-Fe_2O_3。钝化过程总反应式为：

$$4Fe + 3NO_2^- + 3H^+ \longrightarrow 2\gamma - Fe_2O_3 + NH_3 + N_2$$

亚硝酸盐在 pH<6 时容易分解。在 pH 值为 9~10 时缓蚀效果最好，可和 Na_2CO_3 共用。亚硝酸盐在保护钢铁时，有个临界浓度（图3-6）。亚硝酸钠和亚硝酸铵的添加量和缓蚀效果之间的关系可见表3-1。

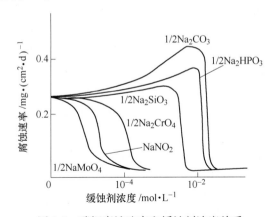

图 3-6　碳钢腐蚀速率和缓蚀剂浓度关系

表 3-1　亚硝酸钠和亚硝酸铵添加量和缓蚀效果之间的关系

亚硝酸铵（NH_4NO_2）添加量/$\mu g \cdot L^{-1}$	0	20	40	60	120	180
腐蚀速率/$mg \cdot (dm^2 \cdot d)^{-1}$	23.80	20.30	7.20	1.57	0.38	0.38
缓蚀率/%		14.7	70.0	93.4	98.4	98.4
亚硝酸钠（$NaNO_2$）添加量/$\mu g \cdot L^{-1}$	0	25	50	75	100	200
腐蚀失重/mg	61.1	9.9	1.3	2.0	27.9	72.4
腐蚀速率/$mg \cdot (dm^2 \cdot d)^{-1}$	29.10	4.71	0.62	0.95	13.29	34.47
缓蚀率/%		83.8	97.3	96.7	54.3	18.5

由表3-1可见，NH_4NO_2 添加量到 120μg/L、$NaNO_2$ 添加量到 50μg/L 时，均能显示出良好的缓蚀效果。

亚硝酸盐缓蚀的临界浓度和氯离子、硫酸根离子浓度有关。当水中这两种离子浓度较高时,使用亚硝酸盐反而容易产生孔蚀,在含氧化剂或还原剂的水中缓蚀效果也大为降低。

(3) 硅酸盐。用作缓蚀剂的硅酸盐主要是硅酸钠($x\mathrm{Na_2O} \cdot y\mathrm{SiO_2}$),俗称水玻璃、泡花碱。这是一种无色或浅青绿色至棕色的固体或黏稠液体,水溶液呈碱性。硅酸盐的通式为 $\mathrm{Na_2O} \cdot m\mathrm{SiO_2}$($m$ 称为水玻璃的模数)。硅酸盐的保护作用与其模数有关,对于钢模数为 2.4 的硅酸钠最为有效;对于铝合金,则要用更高模数的硅酸钠。缓蚀性能较好的水玻璃模数范围为 2.5~3.5。

硅酸钠在水中形成带负电荷的肢体体系,$\mathrm{SiO_3^{2-}}$ 和铁表面溶解下来的 $\mathrm{Fe^{2+}}$ 结合生成硅酸凝胶,覆盖在钢铁表面起到了缓蚀作用。因此,硅酸盐是沉淀膜型缓蚀剂。在这个体系中腐蚀产物 $\mathrm{Fe^{2+}}$ 是形成沉淀膜必不可少的条件,在成膜过程中总是先腐蚀后成膜。硅酸盐成膜很慢,因此不用硅酸盐预膜,而用聚磷酸盐和锌盐预膜,复合硅运行。

电化学试验表明,在金属表面形成由无定型硅胶和氢氧化铁组成的膜既可作为氧进入到金属表面的障碍又可阻滞氧的还原作用,从而抑制了铁的阴极过程;加上它能阻滞阳极过程,因而硅酸盐是一种混合型缓蚀剂。

硅酸盐可用于清洁金属表面,也可以在有锈表面上使用。但单独使用硅酸盐的膜多孔,效果不好,因此常和聚磷酸盐、有机磷酸盐、钼酸盐等复配使用。

影响硅酸盐缓蚀效果的因素很多,主要有以下 3 种:

1) $\mathrm{SiO_2}$ 量在 $\mathrm{SiO_2}$ 浓度较低的情况下,腐蚀深度加大,故要求有一定的 $\mathrm{SiO_2}$ 浓度,使腐蚀可以得到抑制,保护膜生长的时间才可以缩短。

2) pH 值使用硅酸盐作缓蚀剂必须严格控制 pH 值,一般要求在 6.5~7.5。当 pH>8.6 时,$\mathrm{SiO_2}$ 的缓蚀效果较差,而对于经过酸处理、pH 值在 7.0 左右的金属表面则效果较好。

3) 镁硬度当 $\mathrm{Mg^{2+}}$ 浓度过高时会产生严重的坑蚀,故当镁硬度大于 250mg/L($\mathrm{CaCO_3}$ 计)时,一般不采用 $\mathrm{SiO_2}$ 防蚀。其原因一是由于形成非离子型可溶性硅酸镁化合物 $\mathrm{MgSiO_3}$,这样将使硅酸盐离子不能吸附在氧化铁的膜上;二是当镁硬度高时,$\mathrm{Mg^{2+}}$ 和已经吸附的 $\mathrm{SiO_2}$ 发生作用会改变 $\mathrm{SiO_2}$ 膜的化学结构,从而破坏其保护性能。

硅酸盐应用范围很广,除了抑制冷却水中钢铁的腐蚀外,还可以抑制铝、铜及其合金、铅、镀锌层的腐蚀,特别适用于控制黄铜脱锌。硅酸盐还可以高效防止氯离子的侵蚀。

硅酸盐缓蚀剂的优点是:操作容易,无危险;无毒,不会产生排水污染问题;成本低;能用于冷却水多种金属。其缺点是:建膜时间过长;缓蚀效果不很理想;在镁硬度高的水中,易产生镁垢,难清洗。

(4) 钼酸盐。与铬酸盐不同,钼酸盐是一种低毒、无公害的缓蚀剂。在水介质中常用的是钼酸钠($\mathrm{Na_2MoO_4} \cdot 2\mathrm{H_2O}$)。现在钼系缓蚀剂是国内外应用较多的一种缓蚀剂,在严格限磷和腐蚀性水质处理上其有较高的推广价值。

钼酸盐属阳极钝化缓蚀剂,其缓蚀过程是 $\mathrm{MoO_4^{2-}}$ 与 $\mathrm{Fe^{2+}}$ 首先形成非保护性配合物,然后 $\mathrm{Fe^{2+}}$ 再由水中的溶解氧氧化成 $\mathrm{Fe^{3+}}$,这时 $\mathrm{Fe^{2+}}$-钼酸盐配合物就转化成钼酸高铁,它不溶于中性或碱性水,从而覆盖于钢铁表面,形成保护膜。

在不同的腐蚀体系中,钼酸盐具有不同的缓蚀机理,它取决于金属材料及其表面的电化学状态、本体以及与金属表面直接接触的介质的化学组成。钼酸盐主要通过以下几种机理而起缓蚀作用：一种是钼酸盐在金属表面发生吸附，或与金属的腐蚀产物、介质中其他物质形成不溶性的物质沉积在金属表面；第二种是钼酸盐通过自身的还原而对金属产生钝化作用；第三种是钼酸盐的还原产物吸附或沉积在金属表面，或其还原产物与金属的腐蚀产物、介质中的其他物质等共同沉积在金属表面。钼酸盐的缓蚀作用由上述一种或先后发生的几种过程所决定。对于不同的腐蚀体系来讲，钼酸盐有其特殊的作用方式，因而对它的缓蚀机理不能一概而论。

钼酸盐防护膜并非十分致密，阻止 Cl^- 侵蚀的效果不如铬酸盐，因而单独使用时其浓度必须要高。当浓度为 4.0g/L 时，钼酸钠对一般碳钢、硅钢及铝的缓蚀率可达到 99%。在一般硬水中，钼酸钠需要保持 0.5%~1.0% 的浓度才能保持可靠的防锈能力。在中性或碱性冷却水中钼酸钠的初期浓度必须为 750~1000mg/L，才有充分的保护作用，可见单纯使用钼酸盐作缓蚀剂费用较高。

为了降低钼酸盐缓蚀剂的使用浓度，近年来国内外致力于钼酸盐和其他缓蚀剂的协同效应研究，常用作协同效应的缓蚀剂有亚硝酸盐、磷酸盐、硅酸盐等。

（5）磷酸盐和聚磷酸盐。在中性水介质中常用的缓蚀剂中有一类称为磷系缓蚀剂，该类缓蚀剂应用较早。在磷系缓蚀剂中，应用较多的是磷酸盐和聚磷酸盐，特别是后者。

1）磷酸盐。磷酸盐是一种阳极型缓蚀剂。在中性和碱性介质中，磷酸盐对碳钢的缓蚀主要依靠水中的溶解氧。溶解氧与钢反应，生成一薄层 γ-Fe_2O_3 氧化膜。在氧化膜的间隙处，电化学腐蚀可能继续进行，这些间隙既可被连续生成的氧化铁所封闭，也可以为不溶性的磷酸铁 $FePO_4$ 所堵塞，使碳钢得到保护。

2）聚磷酸盐。最常用作缓蚀剂的聚磷酸盐是六偏磷酸钠和三聚磷酸钠。聚磷酸盐中含有的聚磷酸根是带负电荷的离子。当水中有一定浓度的钙离子（或者其他两价金属离子）时，聚磷酸根离子与 Ca^{2+} 络合，变成带正电荷的络合离子，这种络合离子以胶溶状态存在于水溶液中。钢铁在水中腐蚀时，阳极反应的产物 Fe^{2+} 将向阴极方向扩散移动，产生腐蚀电流。当带正电荷的聚磷酸钙络合离子到达表面区域时，可与 Fe^{2+} 络合，生成以聚磷酸钙铁为主要成分的络合离子，沉积于阴极表面形成沉淀膜。这种膜具有致密性，能阻挡溶解氧扩散到阴极，抑制了腐蚀电池的阴极反应，从而抑制整个反应。根据这种机理，聚磷酸盐缓蚀作用的必要条件是水中钙离子、溶解氧和活化的金属表面。

①钙离子要使聚磷酸盐达到良好的缓蚀效果，要求水中有足够的钙离子。水中如果没有 Ca^{2+} 或 Ca^{2+} 浓度太低，就不能很好形成带正电的聚磷酸钙胶状粒子，这样就无法发生电沉积过程，不能形成良好的保护膜而导致缓蚀效果较差。要形成稳定的膜，一般要求 Ca^{2+} 浓度大于 20μg/L。其他二价金属离子，如 Zn^{2+}、Mg^{2+}、Fe^{2+} 也能起到和 Ca^{2+} 相同的作用。

②溶解氧因为电沉积过程要依靠腐蚀电池产生的腐蚀电流，如果水中溶解氧的浓度太低，产生腐蚀电流太小，电沉积过程就太慢，以致在水中形成了聚磷酸钙铁的颗粒也不能很好成膜。如水中含 60mg/L 的聚磷酸盐，当溶解氧浓度低于 1mg/L 时，其腐蚀速度比蒸馏水还高，只有当溶解氧浓度大于 2mg/L 时，聚磷酸盐才有缓蚀作用。这说明在低氧浓度时聚磷酸盐非但不起缓蚀作用而且会加速腐蚀，只有当溶解氧浓度足够时，才能显示出一定的缓蚀效果。

③活化的金属表面。与溶解氧的影响相类似，要很好地通过电沉积作用成膜，要求有

一个活化而清洁的金属表面。如果铁的表面不是活化状态，产生的腐蚀电流将显著减小，以致不能很好发生电沉积过程，这就使成膜速度缓慢或成膜不完整。如果金属表面的污垢较多，不仅阻碍聚磷酸盐到达金属表面，而且还会消耗聚磷酸盐的有效成分。污垢、油污、沙土等杂质影响电沉积过程而使成膜不完整。因此使用聚磷酸盐作缓蚀剂前的清洗过程是极为重要的。从某种意义上讲，清洗过程就是要保证一个活化的、清洁的金属表面，使之能全面均匀地产生微电流腐蚀，从而形成完整的、稳定的保护膜。

除了以上 3 种因素外，聚磷酸盐的缓蚀作用还要受介质流速（流动状态）、本身浓度、温度、pH 值、水中的锌离子、氯离子浓度等因素的影响。

（6）苯并三氮唑。苯并三氮唑（benzotriazole，BTA）是淡褐色或白色结晶性粉末。水溶液呈弱碱性。pH = 5.5 ~ 6.5 时，对酸、碱、氧化还原剂均较稳定，易溶于甲醇、丙酮、环己烷和乙醚。

苯并三氮唑是一种很有效的铜和铜合金的缓蚀剂。它不但能抑制铜或铜合金中的铜腐蚀，而且还能使铜钝化，阻止铜在一些较活泼金属上沉积。

苯并三氮唑对铁、铝、锌也有缓蚀作用。它还可以和多种缓蚀剂配合，如铬酸盐、聚磷酸盐、钼酸盐、硅酸盐、亚硝酸盐等，用以提高缓蚀效果。

（7）苯甲酸钠。苯甲酸钠是无色、无臭粉状固体，带有甜涩味，溶于水和乙醇。它可在含铁材料表面上生成一层松散的阳极型保护膜。苯甲酸钠要在蒸馏水中生成缓冲膜，必须向其中提供溶解氧，当 pH 值低于 5.5 时缓蚀效果消失；当 pH 值高于 6 时，形成缓蚀膜。苯甲酸钠对不含铁材料的缓蚀没有效果。

实际应用中，苯甲酸钠常与其他缓蚀剂配合使用。例如，使用浓度为 500mg/L 的苯甲酸钠，其缓蚀率只有 20.9%；如果和葡萄糖酸钠复配，浓度同样为 500mg/L（两者各为 250mg/L），缓蚀率可提高到 93.7%。

3.3.6　脱脂效果的检验

基板涂装前的脱脂处理，是涂装前处理的第一道非常重要的工序。试验表明，基板表面的油污层对涂膜的耐腐性能的影响在短期内是难以观察出来的，甚至用仪器也测不出来，但是经过较长时间的贮存、运输、应用后，才逐渐暴露出来。为此，涂装前必须采用适当方法进行脱脂检验。清洁度的检查方法有如下几种：

（1）目测法。在脱脂烘干后的钢板两侧安装光线较强的灯，用肉眼或借助放大镜观察钢带表面的清洁度。清洁的钢板表面为银白色，光泽度较高，色泽也均匀。清洁不净的钢板表面有暗灰的色斑或黄色的油斑，挤干辊不转时还会有黑色污染物线条，同时还必须检查水分是否烘干。目测法是最基本的方法，操作人员必须及时进行目测检验。

（2）擦拭法。使用滤纸由操作侧移动到传动侧，再回到操作侧，在约 3s 的时间内移动一个来回，然后观察滤纸表面的污染情况。检验时必须注意用力均匀，以提高其可比性，如对可比性要求较高，可由同一人进行对比检验。

（3）水浸润法。把经过脱脂并认真水洗过的试件浸入冷水中，然后慢慢地提出水面，使试件表面保持垂直状态，如果工作表面完全被水润湿，形成均匀水膜，则认为脱脂良好。

水浸润法虽然较方便，而且有一定的高灵敏性，但在这样的情况下，可能出现较大偏差：1）不能发现表面存在的能被水润湿的污物；2）清洗介质中含有表面活性物质时，它能被金属表面或油脂表面吸附，因而有油污处也可被润湿。

（4）荧光法。将荧光染料和油污混合后涂在试件表面，经过清洗后，在黑光灯下检查残留油脂的荧光。此法适用于判断清洗介质的去污能力和清洗工艺的可靠性。

（5）硫酸铜法。将清洗后的表面浸在酸性硫酸铜水溶液中约1min，取出即刻用水冲洗，观察析出铜膜的均一性、光泽及起泡情况，并以指尖刮擦铜膜检查其剥离情况。

硫酸铜溶液的组成，一般是在1L水中含有硫酸铜50g、硫酸20g或硫酸铜10g、硫酸5g。

（6）称量法。分别抽取3个未脱脂和脱脂试样。称量试样质量，然后用研究的清洗介质和清洗方法洗涤干净后，再称量试样质量，这样就能计算出清洗掉的污物质量，并计算出钢板的脱脂率。公式为：

$$W = W_0 - W_1$$

式中　　W——试样表面污物总重，mg/m^2；

　　　　W_0——未脱脂试样总重，mg/m^2；

　　　　W_1——脱脂后试样质量，mg/m^2。

$$W' = W_0' - W_1'$$

式中　　W'——脱脂后试样上残留污物总重，mg/m^2；

　　　　W_0'——脱脂后试样总重，mg/m^2；

　　　　W_1'——洗去残留污物试样质量，mg/m^2。

$$C = \frac{W - W'}{W} \times 100\%$$

式中　　C——脱脂效率，%。

（7）示踪法。使用示踪试剂的试验方法，可以定量地测定基板上的油脂量和脱脂的效果。例如，铜示踪试剂为二乙基二硫代氨基甲酸铜（二乙基氨磺酸铜）。

试验时将一定量的上述铜试剂溶液与醋酸丁酯配成溶液（相当于含铜1g/L）。将此溶液以10%的比例加入试验的油脂中，在加温下对混合液体进行搅拌，其中的醋酸丁酯挥发，制成含铜示踪试剂的油脂。

试验用的试片在90℃的碱溶液中进行脱脂处理，然后水洗、电解脱脂、水洗、酸洗、热水洗、干燥。试验时将其浸入油中，提出后在空气中放置5~10min，使油的附着量保持一定，作为脱脂前的试样。

进行脱脂试验时，按工艺要求进行脱脂，然后水洗干燥，用醋酸丁酯从试样表面溶出残存的油脂，用原子吸收光度计直接测定这一溶液的铜含量，进行油的间接定量。

铜的分析，用空气-乙炔火焰或无焰，用324.7nm分析进行。脱脂的除油率（Y）可用下式计算：

$$Y = 1 - （脱脂后检出的油量/未脱脂试样的检出油量）$$

对于脱脂液中的油的含量，可以用红外分光光度计进行测量，或者使用油浓度计进行测量。脱脂后油量的分析，可以使用超声波发生器进行油的提取，然后使用原子吸收光度计测定油量。对于试样表面的油膜，可以使用万能金属显微镜观测油膜的厚度。

3.4　基板表面调整

为了获得性能良好的彩色涂层，必须对基板进行预处理。其中表面调整处理是预处理中的重要一项，其旨在活化金属基材，缩短化学转化膜成膜时间，改善转化膜质量。

表面调整可采用喷砂等机械方法，也可使用表面调整剂的物理化学方法。由于使用表面调整剂的方法简便、性能优异，生产上磷化前的表面调整大多采用此法。

金属基板除油除锈后多是采用胶体磷酸钛溶液进行表面调整。胶体磷酸钛表面调整剂主要由 K_2TiF_6、$(TiO)SO_4$、$Ti(PO_4)_2$、多聚磷酸盐、磷酸氢盐、碳酸盐、硼酸盐等组成，使用时常配成含 Ti 量为 10^{-5} g/L 的磷酸钛胶体溶液。磷酸钛沉积于金属表面作为磷化膜增长的晶核，使磷化膜细致，由于钛盐表面调整剂使用浓度极低、胶体稳定性差，因此将表面调整溶液控制在 pH=7~8 之间，并采用去离子水配制。尽管如此，该表面调整液的表面调整周期一般为 10~15 天。

由于钛盐表面调整剂中含有较多的多聚磷酸盐胶体稳定剂，它对磷化成膜有显著抑制作用，因此在表面调整剂中有时也加入适量的 Mg^{2+}、Mn^{2+}、Fe^{3+} 等离子，它们对钛盐表面调整具有改良作用。另外，钛盐表面调整剂因合成方法不同，施工工艺也不同。

（1）浓度：一般在 0.2%~0.3% 之间。此浓度适中，吸附在金属表面的带电胶粒多，磷化膜生成的结晶核就多，磷化膜就细密，并限制了结晶长大，膜重相应降低一些，耐蚀性却会提高；浓度太低，产生的磷化膜稀疏、覆盖率低。

（2）pH 值：胶体钛化合物在合适的浓度时，pH 值一般为 8.5~9.5，该值是表面调整剂合成时所具有的性质。由于使用中发生胶体钛化合物聚沉，又不断添加表面调整剂（等于增加磷酸二氢盐浓度），故 pH 值会升高，此时 pH 值仅反映表面调整液中磷酸盐非正常增加了，或者说表面调整液应更换了。

（3）温度：温度高低影响胶体活性，也影响胶体的聚沉性，所以合适的作业温度是很重要的。有研究表明，10℃时表面调整剂聚沉性为 5%，40℃时为 18%，50℃时为 25%。权衡利弊，一般推荐使用温度低于 40℃，以 10~30℃为宜。

（4）配用水质：推荐采用去离子水。采用自来水（硬水，pH 值为 6.0~6.5）会影响寿命，即使采用去离子水，金属磷化前的脱脂液、酸洗残留物、磷化液也会污染表面调整液，这是胶体钛化合物作表面调整剂的致命缺点。尽管这样，仍然推荐使用电导率不大于 50μS/cm、pH 值为 7.0±0.2 的去离子水。

（5）聚沉物浓度：体积浓度不要超过 5%~10%。

（6）浸渍（喷淋）设备：最好采用不锈钢，PVC 槽体或内衬玻璃钢也行。由于聚沉物影响表面调整效果，聚沉物应及时从设备中清除出去，所以设备中应有过滤装置。还有人建议表面调整液要循环搅拌，每小时 2 次。因此过滤和搅拌可以统一考虑。

如果聚沉物不及时清理以维持表面调整剂的有效活性，就不得不每天补充新鲜表面调整剂，这种槽液最多能用 7d 就必须排放掉，药品和水浪费很大。

（7）胶体钛表面调整液的检测管理：连续生产，每班检测 2 次。胶体活性用"丁达尔"现象检查，胶体钛浓度用比色法检查，聚沉物用体积法检查。

钛盐表面调整剂是应用最广泛的表面调整剂。这是因为，钛胶体微粒表面能很高，对金属表面有较强的吸附作用，它吸附在金属表面可形成均匀的吸附层。在磷化过程中，这极薄的吸附层就是分布均匀、数量极多的晶核，既促进晶核快速增长，又限制大晶体的生成。

表面调整的作用显然十分明显，但并不是所有的磷化都必须表面调整，一般来讲，碱金属（铁系）磷化可不使用表面调整。表面调整通常是在金属工件经过强碱除油或强酸除锈、有色金属磷化、大批量处理等场合使用。

表面调整可采用浸渍或喷淋的方法进行，采用浸渍方式时要对表面调整液进行搅拌以达到搅拌目的；采用喷淋方式时，要提前打开喷淋泵进行循环搅拌。表面调整一般在常温下进行，不必加温，处理时间一般在 1min 左右，但用钛盐进行表面调整时，一定要控制表面调整槽液的 pH 值在 7.5~10 之间，最好在 8~9 之间，pH 值过低或过高都会使钛盐表面调整失去作用，甚至会起到反作用。

在生产实践中，人们常常把表面调整作为一道独立的工序，但也有将钛盐表面调整剂加入除油剂中配制成"二合一"使用的，但除油剂的碱性不能太高，必须是弱碱性或中性的，否则表面调整不起作用。还有直接将表面调整加入到磷化液中使用的，虽能收到一些效果，但也会给工作带来很多麻烦，例如磷化液中任何一种表面调整成分的加入都会给磷化槽液的分析和维护带来麻烦，或是造成磷化液稳定性降低，或是大大提高了磷化成本。

3.5 基板转化膜处理

转化膜处理技术是通过化学或电化学手段，使金属表面形成稳定的化合物膜层的技术，其主要内容包括氧化膜或发蓝技术、磷酸盐膜技术、铬酸盐膜技术、草酸盐膜技术、阳极氧化膜技术等。

转化膜处理技术的一般原理是：使某种金属与某种特定的腐蚀液相接触，在一定条件下两者发生化学反应，由于浓差极化作用和阴、阳极极化作用等，在金属表面上形成一层附着力良好的、难溶的腐蚀生成物膜层。这些膜层，能保护基体金属不受水相其他腐蚀介质的影响，也能提高对有机涂膜的附着性和耐老化性。

3.5.1 磷酸盐膜

把金属放入含有锰、铁、锌、钙的磷酸盐溶液中进行化学处理，使金属表面生成一层难溶于水的磷酸盐保护膜的方法，称为金属的磷酸盐处理，简称为磷化。

3.5.1.1 磷化的类型

A 伪转化型磷化膜形成的机理

通常的磷化是在含有 Zn^{2+}、Mn^{2+}、Ca^{2+}、Ni^{2+}、Fe^{2+}、Mg^{2+} 等酸性盐溶液中进行的。以铁为例，当金属表面与酸性磷化液接触时，钢铁表面被溶解：

$$Fe + 2H^+ \longrightarrow Fe^{2+} + H_2$$

从而金属与溶液界面的酸度降低，由于化学平衡过程，驱使金属表面可溶的磷酸（二氢）盐向不溶的磷酸盐转化，并沉积在金属表面形成磷化膜，其反应为：

$$Me(H_2PO_4)_2 \longrightarrow MeHPO_4 + H_3PO_4$$

$$3Me(H_2PO_4)_2 \longrightarrow Me_3(PO_4)_2 + 4H_3PO_4$$

其中，Me 代表 Zn^{2+}、Mn^{2+}、Ni^{2+}、Fe^{2+}、Ca^{2+} 等二价金属离子。

同时基体金属也可直接与酸性磷酸二氢盐反应：

$$Fe + Me(H_2PO_4)_2 \longrightarrow MeHPO_4 + FeHPO_4 + H_2$$

$$Fe + Me(H_2PO_4)_2 \longrightarrow MeFe(HPO_4)_2 + H_2$$

事实上，多数伪转化型磷化膜都是含 4 个分子结晶水的磷酸叔盐，最终过程可以写成：

$$5Me(H_2PO_4)_2 + Fe(H_2PO_4)_2 + 8H_2O \longrightarrow Me_3(PO_4) \cdot 4H_2O +$$

$$Me_2Fe(PO_4)_2 \cdot 4H_2O + 8H_3PO_4$$

从以上各式可以看出，溶液的酸度是很重要的。酸度太低，不利于金属基体的溶解，因此也就不能成膜；但酸度太高，则大大提高了磷化膜的溶解速度，也不利成膜，甚至根本不会上膜。因此在磷化过程中必须严格地控制酸度。

不同金属的磷酸盐沉积条件也不同。对于 Fe^{3+}、Zn^{2+}、Mn^{2+}、Fe^{2+}、Ca^{2+} 等离子来讲，在适当磷酸溶液及给定的浓度下，其沉积的顺序是 Fe^{3+}、Zn^{2+}、Mn^{2+}、Fe^{2+}、Ca^{2+}、Mg^{2+}，这取决于它们的反应平衡常数：

$$K_1 = \frac{[H_3PO_4]^4}{[Me(H_2PO_4)_2]^3}$$

$$K_2 = \frac{[H_3PO_4]^2}{[Me(H_2PO_4)_3]}$$

在高温下（98℃），测得其反应平衡常数分别为：

$$FePO_4 \qquad K_1 = 290.0$$

$$Zn_3(PO_4)_2 \qquad K_1 = 0.71$$

$$Mn_3(PO_4)_2 \qquad K_1 = 0.04$$

$$Fe_3(PO_4)_2 \qquad K_1 = 0.0013$$

从这些数据可以看出，锌系磷化膜可以在更高的酸度下形成，在含 Zn^{2+}、Mn^{2+} 的磷化液中，要使 Mn^{2+} 作为磷化膜的一种成分存在，其含量必须大于 Zn^{2+} 离子浓度。虽然 $FePO_4$ 溶解度最小，但在含加速剂的伪转化型磷化液中，Fe^{3+} 只能作为一种沉渣沉淀下来，很少参与成膜。

磷化是一个十分复杂的过程，它不仅是化学过程，而且还有电化学过程，从电化学角度考虑，铁按下式发生阳极溶解：

$$Fe \longrightarrow Fe^{2+} + 2e$$

氢离子是在阴极通过可溶性盐的水解和沉淀而放电，而磷化膜的形成是由于基体金属的溶解引起 Me^{2+} 阳离子浓度相对升高而形成的。有人在对显微结构研究的基础上就磷化过程作出如下的解释。

（1）阳极过程发生在钢铁表面：

$$mFe + nA^{Z-} \longrightarrow Fe_mA_n + 2me \quad (2m = nZ)$$

在含磷酸二氢锌的溶液中：

$$Fe + Zn(H_2PO_4)_2 \longrightarrow FeZn_2(PO_4)_2 + 2H_3PO_4 + H_2$$

结果形成一种无定型的磷酸盐膜牢固地附着在基体表面。由于金属表面连续溶解出 Fe^{2+}，不断地扩散，并穿过 $FeZn_2(PO_4)_2$。膜的界面与溶液接触，进一步与 A^{2-} 反应，因此这种无定型的膜逐步被建立起来。

（2）阴极过程发生在阴极表面：

pH 值和 $ZnPO_4^-$ 阴离子浓度的升高发生在阴极表面或去极化格点上：

$$2H^+ + 2e \longrightarrow H_2$$

由于结晶磷化膜是由 4 个结晶水的磷酸盐组成，所以总反应式可以写成：

$$Fe + 5Zn(H_2PO_4)_2 + 8H_2O \longrightarrow Zn_3(PO_4)_2 \cdot 4H_2O +$$
$$Zn_2Fe(PO_4)_2 \cdot 4H_2O + H_2\uparrow + 6H_3PO_4$$

这种结晶开始是在阴极上形成，随后即在无定型膜（阴极）上建立起来。磷酸盐的沉淀是发生在氧化-还原的条件下。

研究发现，磷化的反应速度是微阳极表面积的函数，在反应过程中阳极面的微晶胞随磷化膜的覆盖而降低，即：

$$-\frac{\mathrm{d}F_A}{\mathrm{d}t} = kF_A$$

式中　t——时间；

　　　F_A——阳极表面的微晶胞（阳极表面积）；

　　　k——速度常数。

当 $t = 0$ 时，$F_A = F_{A0}$，积分得，积分常数 $C = \ln F_{A0}$。

故　　　　　　　　　　　　$$t = \frac{2.3}{k}\lg\frac{F_{A0}}{F_A}$$

从上式可以看出，磷化膜形成的时间取决于开始时阳极面积与处理过程中给定时间的阳极表面积之比，其他因素如温度、表面状态则起支配反应速度的作用。

磷化处理到一定时间以后，成膜速度降低到零，膜的形成终止，或更确切地说，膜的生成和溶解达到了平衡。有人用电化学的方法测定了未钝化处理膜的孔隙率，发现磷化膜的形成并不是在停止放氢的时间就停止了，而是在细孔中进一步形成。在停止放氢的一瞬间，膜的孔隙率仍占金属面积的 20%，只有在某一时间以后（大约 10min），孔隙率才几乎达到约 0.5% 的恒定值。在锰系磷化的过程中，磷化时间与孔隙率之间的关系如图 3-7 所示。

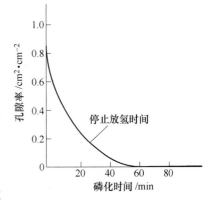

图 3-7　锰系磷化过程中磷化时间
与孔隙率之间的关系

对磷化动力学的进一步研究发现，金属的表面状态对结晶的形成和成长的影响起着主要的作用，成核部位很大程度上取决于各部位生成足够高的局部电位差。例如在碳钢的情况下，可能是珠光体或渗碳体颗粒及局部的杂质，特别在应力区等为阴极，而微阳极则是晶界和铁素体。

在给定的磷化槽中，碳化时间可以通过测定作为时间函数的磷化试样的表面电位的变化来确定。在磷化期间，表面电位向更正的方向移动，当电位-时间曲线变平时表明磷化过程达到的终点。可以认为钢铁在锌系磷化槽中磷化膜的形成是符合电位-时间弓形曲线变化的，如图 3-8 所示。

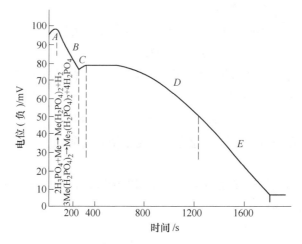

图 3-8　磷酸锌槽中钢试样的电位变化

A—基体金属的溶解；*B*—开始成膜；*C*—基体金属再溶解；*D*—成膜的主要阶段；*E*—再结晶

根据这些变化可以把磷化膜的生长过程分成 7 个阶段，即：

（1）*A*——基体的腐蚀阶段，$2H_3PO_4+Me\rightarrow Me(H_2PO_4)_2+H_2$；

（2）*B*——开始成膜阶段，特别是低于最佳温度时，在 *A* 阶段已有磷化膜形成，$3Me(H_2PO_4)_2\rightarrow Me_3(H_2PO_4)_2+4H_2PO_4$；

（3）*C*——基体再溶解阶段；

（4）*D*——主要成膜阶段；

（5）*E*——再结晶阶段；

（6）*F*——膜的生长-溶解平衡阶段；

（7）*G*——基体过腐蚀阶段。

对以上的变化可做这样解释：当金属试样进入磷化液后，基体即发生溶解，表面活性增大，电位向更负的方向移动，结果反映出电位（负值）和电流（在低于最佳温度以下）上升，这就是从这组图上看到的初始阶段（*A*）。电流的升高只有在低于最佳使用温度下才可以看到，在最佳处理温度下似乎看不出 *A* 部分，这是由于在最佳工作温度下，涂装磷化液都处于饱和状态，试样一进入磷化液很快就有膜产生，并且阻止电流通过。而在低于最佳温度下，由于基体腐蚀慢且处于非饱和状态，延长了基体表面成膜的时间，所以在电流变化图上有 *A* 阶段反映出来。

当电压（电流）达到最大值时，也就是磷化膜开始以最快速度生长的时间，随时间推移，表面电阻迅速升高，于是电压或电流也就急剧下降（*B*），此后，腐蚀电压或电流稍有回升，或下降速度减慢的趋势（*C*），这是由于在 *B* 阶段膜迅速形成过程中放出更多的 H_3PO_4，提高了金属的腐蚀速度而再度加快基体溶解的原因：

$$3Zn(H_2PO_4)_2 \longrightarrow Zn_3(PO_4)_2 + 4H_3PO_4$$

此后进入主要成膜和再结晶阶段（*D*、*E*）。不过，在一些涂装磷化液中最佳工作条件下（最佳工作温度、浓度和酸度等）B、D、E 是很难分开的。

当电压、电流达到平衡阶段（F）时，膜的厚度（单位面积质量）就不再增加，不过，此时电流并不是一定值，而是在一个很小范围内有所变动。这也是很容易理解的。当膜的生长占优势并达到最大值时，孔隙率最小，电压和电流也达到最低值，但由于溶液是酸性的，膜的生长停滞而溶解占优势，结果电流（电压）稍有上升，接着又是膜的生长比溶解快，电位（电流）再度降低，就这样周而复始到一定时间。

在 F 阶段，膜的溶解、生成、再溶解、再生成，膜重（厚）不变，其结果只是金属基体的溶解，这样最终会造成基体的过腐蚀，这就是 G 阶段，这说明磷化处理超过一定时间孔隙开始升高，而这是不希望的。

总的来讲，在正常工作条件下，涂装磷化液都是达到饱和状态，只要基体一开始溶解也就具备了磷酸盐沉淀的条件，这时金属的溶解、膜的生成和溶解都是同时进行的，并贯穿全过程，不同的只是在不同阶段某一反应占优势。开始时金属溶解占优势，电压、电流升高，当金属的溶解到最大限度，且膜开始迅速生成时，电压、电流也达到最大值，随后膜的生成占优势，于是电压、电流急剧下降，直到基本平衡（F），如果试样继续留在溶液中，膜的厚度不会再增加（膜的溶解等于生成），损失的只是金属。随时间的延长，基体就会产生过腐蚀，其现象表现在电压、电流的回升上（G）。

B 加速磷化的方法

a 化学加速剂

常用的化学加速剂有 NO_3^-、NO_2^-、ClO_3^-、H_2O_2，另外，一些有机硝基化合物也在使用，现对前三种的作用原理作一讨论。

（1）NO_3^-。NO_3^- 是应用最广、最重要的一种加速剂，在酸性溶液中，由于 Fe^{2+} 存在，NO_3^- 被还原成 NO_2^-，只有 NO_2^- 才能很顺利地氧化 Fe^{2+} 和 ［H］，其反应过程为：

$$Fe + H^+ \longrightarrow Fe^{2+} + 2[H]$$

$$6[H] + 2HNO_2 \longrightarrow N_2 \uparrow + 4H_2O$$

$$8Fe^{2+} + 2NO_2^- + 10H^+ \longrightarrow 8Fe^{3+} + N_2 \uparrow + 4H_2O + H_2 \uparrow$$

总反应：

$$10Fe + 6NO_3^- + 36H^+ \longrightarrow 10Fe^{3+} + 3N_2 \uparrow + 18H_2O$$

由于在磷化过程中生成的 ［H］ 及 Fe^{2+} 能及时被除去，因此促使反应向生成磷化膜方向进行，而放出的 N_2 不影响磷化速度。另一方面，Fe^{3+} 以 $FePO_4$ 的形式作为泥渣沉淀，从而保持溶液中有恒定的铁含量，因此早、中、后期从同一槽中得到的磷化膜具有基本相同的耐腐蚀性。

在较高的温度下，NO_2^- 是不稳定的，在用 NO_3^- 作为磷化加速剂的槽中只能测得微量的 NO_2^-，为加速 HNO_2 的生成，可在槽中加入适量的 Cu^{2+}（$2\sim59g/L$），由于铜被置换在铁表面后立即又被 HNO_3 氧化，并生成 HNO_2，因此就足以促使 Fe^{2+}—Fe^{3+} 的转化。

NO_3^- 的加速作用可从气体放出量看出。在含 Zn^{2+} 槽中，放出的气体最少，在含 Mn^{2+} 磷化溶液中放出的气体是不含 HNO_3 的 $1/2$，而在 Fe^{2+} 溶液中则放出的气体最多。这一现象说明在 Zn^{2+} 存在时，更有利于 HNO_3 的分解，在无铁离子的 HNO_3 加速溶液中磷化时，

HNO_2 的浓度迅速升高，含量可达 $1g/L$。

（2）NO_2^-。NO_2^- 也是常用的加速剂，又称其为促进剂、引发剂等。它比其他氧化剂更有效，但在酸性溶液中很不稳定。其分解速度与温度有关，在高温下只有痕量的 NO_2^- 存在，在 $0℃$ 和 $60℃$ 时分解系数分别是 0.602 和 5130，因此 NO_2^- 广泛地在低温和室温磷化过程中使用，特别适合薄膜磷化，NO_2^- 的反应机理同 NO_3^- 的分解物，参见前述 NO_3^- 的反应式。

（3）ClO_3^-。ClO_3^- 可以直接氧化 [H] 和 Fe，总反应为：

$$2Fe + ClO_3^- + 6H^+ \longrightarrow 2Fe^{3+} + Cl^- + 3H_2O$$

以 ClO_3^- 作为加速剂的磷化，速度快，膜薄而致密，防护性好。在 $2\sim3min$ 内可得到 $1.5\sim5\mu m$ 的膜。虽然 ClO_3^- 也是目前薄膜磷化常用的成分之一，但很少单独使用，多与 NO_3^- 联用。ClO_3^- 作为加速剂有以下缺点：沉淀多；用量不当，会引起钢铁表面的钝化，给进一步磷化带来困难；反应中生成有害的 Cl^-；ClO_3^- 是一种强氧化剂，与 NO_2^- 联用时，会迅速把 NO_2^- 氧化成 NO_3^-。

　　b　电化学加速

对于磷化工作，无论采用阴极化、阳极化还是交流电极化，都能很好地起到加速磷化及改善磷化膜质量的效果。阴极极化有利于氢气的放出，可以导致金属离子在溶液中的电沉积。阳极极化有利于金属的溶解或钝化，可以消除氢气放出。研究表明，阳极极化电位在平衡曲线范围内，对磷化的加速作用较差。在 $-620mV$ 电位下极化，短时间内可得到很重的膜。但在升高电位时，膜重则迅速降到一定的水平，而在正的阳极位下极化，膜重可达到很高的程度。交流电极化磷化工件对改善磷化膜质量也有较好的效果，用交流电处理后，孔隙率可在很短时间内降低到最低限。

　　c　机械加速

机械的方法，如擦、刷、喷砂、喷丸等都具有良好的加速及改进磷化膜质量的效果，特别擦（用旧布、回丝等）效果更好，可以细化结晶、降低膜重，特别有利于涂装前的低温、中温及室温磷化。

　　C　转化型磷化膜形成的机理

转化型磷化又称铁系磷化，磷化液的主要成膜成分是磷酸的金属盐或氨盐，膜中的铁成分（或锌基中的锌、铝基中的铝）由基体转化而来，工件进入溶液以后，基体首先按下式进行腐蚀：

$$Fe + 2H_2PO_4^- \longrightarrow Fe^{2+} + 2HPO_4^{2-} + 2[H]$$

生成的 [H] 很快被氧化：

$$2[H] + [O] \longrightarrow H_2O$$

所以在磷化期间看不到有气体放出。

金属与溶液界面 pH 值升高，因此 HPO_4^{2-} 发生水解：

$$2HPO_4^{2-} + 2H_2O + Fe^{2+} \longrightarrow Fe(H_2PO_4)_2 + 2OH^-$$

总反应为：

$$Fe + 2H_2PO_4^- + H_2O + [O] \longrightarrow Fe(H_2PO_4)_2 + 2OH^-$$

随后，经上述反应形成的 $Fe(H_2PO_4)_2$ 按下述反应，一半被氧化成磷酸铁盐：

$$2Fe(H_2PO_4)_2 + 2NaOH + [O] \longrightarrow 2FePO_4 + 2NaH_2PO_4 + 3H_2O$$

在较高 pH 值时，另一半被氧化成 Fe^{3+} 后形成氢氧化物：

$$2Fe(H_2PO_4)_2 + 8NaOH + 2[O] \longrightarrow 2Fe(OH)_3 + 2Na_2HPO_4 + 4H_2O$$

氢氧化物不稳定，在干燥过程中转化成 Fe_2O_3：

$$2Fe(OH)_3 \xrightarrow{-H_2O} Fe_2O_3 + 3H_2O$$

总反应式：

$$4Fe + 4NaH_2PO_4 + 6[O] \longrightarrow 2FePO_4 + Fe_2O_3 + 2Na_2HPO_4 + 3H_2O$$

从上式可以看到，在铁系磷化中，pH 值是不断升高的，这和伪转化型磷化膜不同，当 pH 值大于 6 时，膜的形成就受到抑制，必须用 H_3PO_4 或 HNO_3 调整。

在只有碱金属磷酸盐、硝酸和氯酸盐加速剂的磷化液中，膜的成分为 $FePO_4$ 和 Fe_2O_3。

3.5.1.2 磷化膜的物理和化学性能

磷化膜是很差的导电体，可作绝缘体用，用油脂涂覆后绝缘性大大提高。涂油漆或酚醛树脂后，其击穿电压和绝缘电阻大幅增加。10μm 厚的磷化膜的电阻率是 $5 \times 10^2 \Omega$。

由于磷化膜是多孔结构，因此具有很好的吸收油、脂、肥皂等性质，并提高其防护性。磷化膜大大地改善了各种有机膜的吸附性，因此也极大地提高了油漆及其他有机膜的抗腐蚀性。当用于金属表面的有机膜被破坏并造成基体金属暴露时，微电池在这里形成，基体金属也开始腐蚀，由于金属的传导性和毛细现象在金属和有机膜之间的各方向扩张，结果膜下面的金属腐蚀导致防护层起泡、破坏。当金属被磷化后，则被破坏区域的腐蚀只是局部的，这是由于金属表面被牢固吸附在金属表面的非导体——磷化膜绝缘的缘故；磷化膜还防止电解质在水平方向扩散，因此有机膜下的金属腐蚀被抑制了。

磷化膜是由质地较脆的结晶组成，因此任何重大的变形都会使磷化膜遭到破坏。这对油漆，特别粉末膜是特别危险的，因为吸附的结晶破碎后造成漆膜与金属的分离，从而丧失了防护性能。

减小磷化膜厚度可以改善其力学性能。因此最薄（1~5μm）的磷化膜最适合于做漆膜底层。这种磷化膜可以从低温和室温磷化液中形成，也可经过表面调整、在磷化槽中加入改进成分及采用喷淋等方法而得到。

磷化膜在酸、碱溶液中都可被溶解，将在总酸度（TA）、游离酸度（FA）和酸比影响中详细说明。

3.5.1.3 磷化膜的防护性

不经过后处理的磷化膜的防护性较差，但通过后处理的磷化膜，如涂油、涂漆等处理的磷化膜防护性大大提高。防护性最好的磷化膜是用高温磷化法从磷酸锰中得到的。

磷酸亚铁膜的防护性最差，这是因为二价铁容易被大气中的氧氧化成三价磷酸铁，从而使结晶晶格的类型和参数发生变化，结果增加了膜的孔隙，降低了它的附着力。磷酸锌膜、磷酸锰膜则无此种不利因素。

在磷化槽中，铁离子含量的影响是特殊的。在含锰的慢磷化槽中，溶液中的 Fe^{2+} 和膜中的 Fe^{2+} 同时升高并不影响其防护性质。但在锌系磷化液中，Fe^{2+} 离子的升高则会造成更多的孔隙，如从这种槽中处理 20 批后，膜的孔隙率可从 0.5% 提高到 40%~60%。

一般来讲，磷化膜越厚，耐蚀性越好。但这一结论并不是任何情况下都是正确的。当采用不同的前处理方法时，结果就不同了。有研究表明在同一槽磷化液中，未活化的磷化膜重远大于活化后磷膜重，但其防护性前者远低于后者。但无论如何，使用完全相同的方法在钢铁上所得到的磷化膜越厚，其防护性越好，这是无疑的。不过对于铝及其合金则其防护性并不随膜重的增加而提高。

3.5.1.4 影响磷化处理质量的因素

A 底材的影响

不同材料的组成与结构不同，在完全相同的磷化处理过程中，磷化膜的晶体结构和耐腐蚀性也不一样。即使组成相同的钢材，在经过不同热处理工艺处理后，磷化膜的质量也不相同。因为钢铁中含有各种微量元素，它们对磷化成膜起着不同的作用。如当 Ni/Cr 含量超过5%时，不利于磷化膜生成，尤其是 Cr 对磷化成膜的阻化作用最强；金属中的 P、S 也影响金属的溶解反应；Mn 则使之易于磷化。热处理退火和重结晶过程中，渗碳体（Fe_3C）沉积于晶粒间，如果渗碳体细而多，形成的磷化膜则细；反之，金属溶解较慢，膜也较粗糙。实际上，渗碳体起着活泼阴极作用，即渗碳体越多，阴极表面积越大，越容易快速均匀成膜。

普通钢都是铁和渗碳体的合金，但是硬化的合金钢中，由于马氏体结构，碳在 α-Fe 的固溶体中过饱和，使磷化不良；退火使马氏体转变为铁氧体和渗碳体的平衡状态，性能得以改进。此外，除了渗碳体的作用外，还有铁氧体活化阳极，使之易于溶解。当铁氧体和渗碳体形成薄片结构，即珠光体时，使磷化不良。总之，热处理控制不同，对基体磷化能力带来很大差异。

因此，在研究磷化液组成、制定磷化工艺时必须考虑基体材料及其结构对磷化质量的影响。

B 总酸度（TA）、游离酸度（FA）和酸比影响

总酸度表示磷化液中含有的所有酸性成分，通常用"点"数表示。以酚酞为指示剂，以 0.1mol/L NaOH 标准溶液滴定 10mL 磷化液，每消耗 1mL NaOH 溶液称为 1"点"。游离酸度表示磷化液中游离酸的浓度，同样以"点"数表示，其测定方法同总酸度，只是它以甲基橙为指示剂。酸比是指总酸度与游离酸度之比。

根据磷化反应的机理，在游离酸度一定时，提高 $Zn(H_2PO_4)_2$ 的浓度，即提高总酸度，有利于磷化膜的生成，而且成膜均匀、致密，降低室温成膜的温度下限。游离酸对磷化过程的阳极溶解步骤和磷化速度起决定性的作用。游离酸度过低，成膜时间长，膜难以形成，成膜易锈、易擦掉；游离酸度过高，试样表面腐蚀过度，过多的气泡会阻碍成膜，结晶粗大、泛黄、疏松、抗腐蚀能力很差。因此根据平衡移动原理，要真正获得优质的磷化膜，必须严格控制酸比，只有在酸比恰当时，才能保证结晶致密、膜层完整。

一般酸比越高，磷化膜越细、越薄，磷化温度越低，但酸比过大时，不易成膜，膜层容易锈蚀、溶液容易浑浊、沉淀多；若酸比过小，膜结晶疏松粗大，膜层质量低劣。磷化温度不同，酸比也不同，常低温磷化酸比较高；而高温磷化酸比较低，通常在（5~15）：1之间。

C 温度影响

磷化温度对成膜速度影响显著，这是由于磷化处理体系中有如下的水解平衡反应：

$$3Zn(H_2PO_4)_2 \longrightarrow Zn_3(PO_4)_2 \downarrow + 4H_3PO_4$$

此过程为吸热过程，因此温度降低，平衡反应向左进行，游离酸度显著降低，而游离酸度对钢铁的阳极溶解步骤、磷化速度起决定作用，因此温度降低不利于磷化。此时常得到稀疏、耐蚀性差的粗结晶，甚至易泛锈。温度过高，平衡易右移，成膜速度加快，造成膜厚而粗、沉渣多。实际施工时，必须严格控制磷化温度。通常浸渍法规定温度波动范围为±5℃，喷淋法规定温度波动范围为±3℃。

根据上述原理，欲得到低温快速磷化膜，就要使上述平衡右移，可采取增大酸比（图3-9）、添加适量强氧化性促进剂、在磷化前进行表面调整等方法。

D 表面调整的影响

使金属表面晶核数量和自由能增加，从而得到均匀、致密磷化膜的过程称为表面调整，简称为表调，所用的试剂称为表调剂。

采用强碱除油后，由于一些碱的水洗性差，如 NaOH、硅酸钠等，常使金属表面的部分活性晶核覆盖上一层氢氧化物或氧化物薄膜，因而导致金属表面的晶核数量和反应的自由能降低，为此，磷化前需对金属表面进行调整或活化。

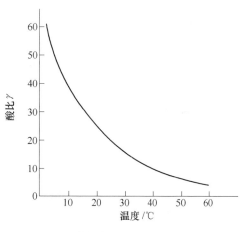

图 3-9 磷化液酸比与处理温度关系

脱脂以后的金属表面，常采用磷酸钛胶体溶液进行调整。胶体钛调整剂主要由 K_2TiF_6、多聚磷酸盐、磷酸一氢盐合成，使用时配成 $10^{-5}g/cm^3$ Ti 的磷酸钛胶体溶液，磷酸钛沉积于钢铁表面作为磷化膜增长的晶核，使磷化膜细致。由于钛胶表调液浓度低、胶体稳定性差，因此将溶液 pH 值控制在 $7\sim8$ 之间，并采用去离子水配制。尽管如此，该表面调整液的老化周期一般为 $10\sim15$ 天。

由于钛胶表调剂中有较多的多聚磷酸盐胶体稳定剂，它对磷化成膜有显著抑制作用，因此在表调剂中加入适量 Mg^{2+}、Mn^{2+}，并控制 pH$=8\sim9.5$，具有改良作用。另外，表调剂的制备工艺和过程对表调作用影响也很大。

钛胶表调工艺有将表调剂加到除油液中的，有置于水洗水中的，也有单独设置表调工艺的。当碱洗液 pH<10 时，可将表调剂置于碱洗液中，同时实现除油表调工艺，但该法表调作用有限。

酸洗以后常采用稀草酸溶液进行表调，在表面形成草酸铁结晶型沉淀物，作为磷化膜增长的晶核，加快磷化成膜速度。但草酸浓度不宜过高，常用浓度为 $1\%\sim5\%$。否则表面形成的草酸盐薄膜起到钝化作用，表面难以磷化。

酸洗后，用吡咯衍生物进行处理，也能显著提高磷化速度。

E 磷化膜 $P_{比}$ 及其影响

锌盐磷化膜中主要由两种磷酸盐组成：一种是磷酸锌（hopeite），简称为 H 成分，化

学式为 $Zn_3(PO_4)_2 \cdot 4H_2O$，另一种是磷酸锌铁（phosphophyllite），简称为 P 成分，化学式为 $Zn_2Fe(PO_4)_2 \cdot 4H_2O$。因此 $P_比$ 的高低表示磷化膜中磷酸二锌铁所占比率的高低，即：

$$P_比 = \frac{P}{P + H} \times 100\%$$

实验证明，当磷化膜中 P 成分提高时，膜的耐蚀性显著提高。也就是说，当磷化膜中铁含量提高时，磷化膜的耐酸、耐碱溶解性能提高。磷化膜铁含量与耐碱溶解性的关系如图 3-10 所示。

在一定浓度范围内，增加磷化液中 Zn^{2+} 浓度，磷化膜质量增加；适当降低磷化液中 Zn^{2+} 浓度，有利于形成 $Zn_2Fe(PO_4)_2$，使 $P_比$ 增大。但 Zn^{2+} 浓度过低时，磷化膜过薄，防腐性变差。

磷化方式也影响 $P_比$。实验证明，浸渍磷化可形成耐蚀性好、$P_比$ 高的磷酸锌膜；而喷磷化只能形成磷酸锌膜，耐蚀性相对降低。

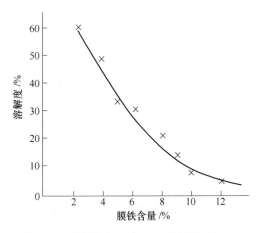

图 3-10　磷化膜含铁量与耐碱溶解性的关系

F　后处理的影响

磷化后处理包括水洗、钝化、干燥三个环节，这些工序也影响磷化膜的质量，必须予以注意。

为确保磷化膜的清洁，以防可溶性盐导致湿热条件下涂层早期起泡或污染电泳涂料液，磷化后一般进行 2~3 道水洗，而且必须严格控制水洗质量，尤其要严格控制最后一次水洗质量。如在与电泳底漆配套时，控制工件滴水电导率小于 20~30μS/cm，控制循环水洗水的电导率小于 50mS/cm。

磷化膜微观多孔、凹凸不平，钝化对磷化膜具有进一步溶平和封闭作用，使其孔隙率降低、耐蚀性增强，效果显著。但是，目前仍然以铬酸钝化为主。钝化液排放时会严重污染环境，为此必须增设专用的废水处理设备，增加投资。因此在进行工艺设计时，应综合考虑。

锌盐磷化膜的组成为 $Zn_3(PO_4)_2 \cdot 4H_2O$ 和 $Zn_2Fe(PO_4)_2 \cdot 4H_2O$，经过 120~160℃ 下烘干 5~10min 后，会失去两个结晶水，磷化膜孔隙率降低，耐蚀性大大增加。如果温度过高，时间过长，锌盐磷化膜失去过多结晶水，磷化膜脆性增大，力学性能下降。锌盐磷化膜经过这样的烘干处理甚至可以取消钝化工序。

3.5.1.5　磷化常见问题及解决方法

在进行磷化处理时，由于磷化膜的生成受溶液的成分、温度、时间等多种因素的影响，导致磷化膜的耐蚀性差、表面生成白灰、溶液中沉淀较多等问题。表 3-2 中所列是一些磷化常见问题产生的原因和处理方法。

表 3-2 磷化常见问题产生的原因和处理方法

现象	产生原因	处理方法
磷化膜结晶粗糙、多孔	(1) 游离酸度过高； (2) 磷化液中氧化剂不足； (3) 亚铁离子含量过高； (4) 工件表面有残酸； (5) 工件表面过腐蚀	(1) 降低游离酸度； (2) 增加氧化剂比例； (3) 加双氧水调整； (4) 加强中和及水洗； (5) 控制酸洗液浓度和酸洗时间
膜层过薄，无明显结晶	(1) 总酸度过高； (2) 工件表面有硬化层； (3) 亚铁离子含量过低； (4) 温度低	(1) 加水稀释； (2) 用强酸浸蚀或喷砂处理； (3) 补加磷酸氢亚铁； (4) 提高槽液温度
工件表面黏附白色粉末沉淀	(1) 游离酸度低，游离磷酸量少； (2) 含铁离子少； (3) 工件表面氧化物未除净； (4) 溶液氧化剂过量，总酸度过高； (5) 槽内沉淀物过多	(1) 补充磷酸二氢锌，在特殊情况下，可加磷酸调整游离酸度； (2) 磷化液中应留一定量的沉淀物，新配溶液与老溶液混合使用； (3) 加强酸洗，充分水洗； (4) 停加氧化剂，调整酸比； (5) 清除过多的沉淀物
磷化膜不均匀、发花或有斑点	(1) 除油不干净； (2) 温度过低； (3) 工件表面钝化； (4) 酸比失调	(1) 加强除油、清洗； (2) 提高槽液温度； (3) 加强酸洗或喷砂； (4) 将酸比调整到工艺范围
磷化膜不易形成	(1) 工件表面有硬化层； (2) 溶液中硫酸根过高； (3) 溶液中混入杂质； (4) P_2O_5 含量过低	(1) 改进加工方法或用酸浸、喷砂，除去硬化层； (2) 用钡盐处理，使其降至工艺规范要求； (3) 更换磷化液； (4) 补充磷酸盐
磷化膜耐蚀性差与生锈	(1) 磷化膜晶粒过粗或过细； (2) 游离酸含量过高； (3) 工件表面过腐蚀； (4) 溶液中磷酸盐含量不足； (5) 工件表面有残酸	(1) 调整酸比； (2) 降低游离酸，可加氧化锌或氢氧化锌； (3) 控制酸洗过程； (4) 补充磷酸二氢盐； (5) 加强中和与水洗

3.5.2 铬酸盐膜的性质

把金属或金属镀层放入含有某些添加剂的铬酸或铬酸盐溶液中，通过化学或电化学的方法使金属表面生成由三价铬和六价铬组成的铬酸盐膜的方法，称为金属的铬酸盐处理，也称为钝化。铬酸盐膜与基体结合力强，结构比较紧密，具有良好的化学稳定性，耐蚀性好，对基体金属有较好的保护作用；铬酸盐膜的颜色丰富，从无色透明或乳白色到黄色、金黄色、淡绿色、绿色、橄榄色、暗绿色和褐色，甚至黑色，应有尽有。铬酸盐处理工艺常用作锌镀层、铬镀层的后处理，以提高镀层的耐蚀性；也可用作其他金属如铝、铜、锡、镁及其合金的表面防腐蚀。

铬酸盐处理是在金属-溶液界面上进行的多相反应，过程十分复杂。一般认为铬酸盐膜的形成过程大致分为以下三个步骤：

（1）金属表面被氧化并以离子的形式转入溶液，与此同时有氢气析出；

（2）所析出的氢促使一定数量的 Cr^{6+} 还原成 Cr^{3+}，并由于金属-溶液界面处的 pH 值升高，使 Cr^{3+} 以胶体的氢氧化铬形式沉淀；

（3）氢氧化铬胶体自溶液中吸附和结合一定数量的 Cr^{6+}，在金属界面构成具有某种组成的铬酸盐膜。

以锌的铬酸盐处理为例，其化学反应式如下。

锌浸入铬酸盐溶液后被溶解：

$$Zn + 2H^+ \longrightarrow Zn^{2+} + H_2 \uparrow$$

析氢引起锌表面的重铬酸离子的还原：

$$Cr_2O_7^{2-} + 2H^+ + 3H_2 \longrightarrow 2Cr(OH)_3 + H_2O$$

由于上述溶解反应和还原反应，锌-溶液界面处的 pH 值升高，从而生成以氢氧化铬为主体的胶体状的柔软不溶性复合铬酸盐膜：

$$2Cr(OH)_3 + CrO_4^{2-} + 2H^+ \longrightarrow Cr(OH)_3 \cdot Cr(OH) \cdot CrO_4 \cdot H_2O + H_2O$$

这种铬酸盐膜像糨糊一样柔软，容易从锌表面去掉，待干燥脱水收缩后，则固定在锌表面上形成铬酸盐特有的防护膜：

$$Cr(OH)_3 \cdot Cr(OH) \cdot CrO_4 \cdot H_2O + H_2O \longrightarrow xCr_2O_3 \cdot yCrO_3 \cdot 2H_2O$$

铬酸盐膜主要由 Cr^{3+} 和 Cr^{6+} 的化合物，以及基体金属或镀层金属的铬酸盐组成。不同基体金属采用不同的铬酸盐处理溶液，得到的膜层颜色和膜的组成也不相同。在铬酸盐膜中，不溶性的化合物构成了膜的骨架，使膜具有一定的厚度。

3.5.2.1　组成和构造

铬酸盐钝化膜的组成与钝化液的组成和工艺参数有关，有人认为主要成分是 Cr^{3+} 和 Cr^{6+}（比例为 28∶8）的化合物及基体金属的铬酸盐。化合物可以写成：

$$Cr_2O_3 \cdot CrO_3 \cdot xH_2O \quad 或 \quad Cr(OH)_3 \cdot Cr(OH) \cdot CrO_4$$

在锌上的盐是 $ZnCrO_4$。

表 3-3 是铝、锌铬酸盐钝化膜的成分。

大多数铬酸盐钝化膜在刚刚生成还是湿的时候是无定形的和胶态的，它们是软的且有吸附性。干燥时收缩或硬化，变得难以润湿，且耐水溶液浸蚀。干燥之后的一段时间里膜继续硬化，但硬化速度要慢得多。

表 3-3　铝、锌铬酸盐钝化膜的成分

基体金属	钝化液成分	膜的颜色	膜的成分
铝	铬酸、络合型氟化物添加剂	无色、黄色、浅红、棕色	α-AlOOH、CrO_2、α-CrOOH、$Cr(NH_3)_3 \cdot 3NO_2CrO_4$
铝	铬酸、磷酸、络合型氟化物	绿色	$NaAlPO_4(OH, F)$、β-CrPO_4
铝	铬酸、重铬酸盐	黄色、浅棕	α-CrOOH、γ-AlOOH
锌	重铬酸钠、硫酸	浅黄、绿色	α-Cr_2O_3、ZnO
锌	铬酸	黄色	α-CrOOH、$4ZnCrO_4 \cdot K_2O \cdot 3H_2O$

3.5.2.2　物理和力学性能

铬酸盐钝化膜一般不超过 $1\mu m$ 厚，新形成的铬酸盐钝化膜能部分溶于冷水，易溶于热水。钝化膜因失水和氧化溶解度降低，过度干燥会使膜完全不可溶；原则上讲厚度适当并且是用适当的方法产生的钝化膜没有孔隙。薄的膜、无色的膜以及在粗糙表面上产生的膜容易是多孔的，而厚膜和在平滑或光亮的表面上产生的膜孔隙少。钝化膜的硬度在很大程度上取决于其形成条件，例如钝化液的温度越高，产生的膜的硬度越大。一般来讲，铬酸盐钝化膜耐磨性较差，尤其是湿的时候，这是这种膜的严重缺点；电阻率低，有时可降到 $8\Omega \cdot cm$，因此铬酸盐膜常被用来处理电子和电器元件，这不仅使电性能稳定，而且改善了元件的外观。由于钝化膜是在金属-溶液界面上形成，膜是由基体和溶液两种组分组成，因而结合力非常好；同时，钝化膜还具有良好的延展性。

3.5.2.3　防护性能

钝化膜的防护性能与基体金属的种类和表面状态有关，也与膜的厚度、结构有关。而膜的厚度又与钝化方法和采用的后处理有关。

老化会使钝化膜变硬、开裂，并使铬酸盐从钝化膜里脱附出来。由于钝化膜的抗蚀性不仅取决于三价铬的氢氧化物的性质，而且取决于吸附的铬酸盐对腐蚀的抑制作用，因此老化对膜的抗蚀力有很大影响。

3.5.2.4　钝化工艺参数对钝化膜性能的影响

（1）硫酸根和氢离子浓度的影响。试验指出，硫酸盐的含量提高时，钝化膜质量和锌的溶解量也增加。当硫酸根浓度一定时，pH 值越低，所得膜层厚度越高。当硫酸盐浓度和酸度同时增加时，钝化膜的质量增加到极大值然后下降。

（2）Cr^{3+} 含量的影响。当硫酸根和酸度一定时，若溶液里含有 Cr^{3+} 作添加剂，则钝化膜更厚，金属的溶解速度也加快。铬酸盐钝化溶液里的 Cr^{3+} 参与了钝化膜的形成过程，此时在这种溶液里生成膜的质量高于基体金属的溶解量。在含硫酸的重铬酸钠溶液里，通常基体金属的溶解量要高得多。而在含 $Cr_2(SO_4)_3$ 的钝化溶液（5g/L CrO_3，1～20g/L $Cr_2(SO_4)_3$）中产生的钝化膜更致密，也更均匀，抗蚀性更好。

（3）Cr^{3+} 与 Cr^{6+} 的含量比。为了得到高质量的钝化膜，Cr^{3+} 与 Cr^{6+} 的含量应维持在合适的范围之内。但如果 pH 值太低或搅动得过分激烈，Cr^{3+} 的形成速度将大大加快；pH 值太高时，Cr^{3+} 的形成变慢，就会打乱 Cr^{3+} 和 Cr^{6+} 的含量比，结果产生了质量低劣的钝化膜，这种膜或者是吸水性的，或者因 Cr^{3+} 含量太低而没有良好的防护性能。

（4）金属离子对铬酸盐钝化的影响。金属离子对于钝化膜的形成过程、膜的成分、颜色和抗蚀能力都有影响。例如，在某种组成的铬酸盐钝化溶液里引入 Ag^+ 和 Cu^{2+}，会在锌上产生黑色钝化膜。

（5）温度对铬酸盐钝化膜形成过程的影响。溶液温度对在不同时间里得到的黄色铬酸盐钝化膜质量的影响如图 3-11 所示。从图中可看出，若浸渍时间为 20s，钝化溶液温度升高 10℃，钝化膜的质量大约增加 5%。在加温的条件下进行铬酸盐钝化，钝化膜的形成机理发生变化。在室温下胶体沉积物的形成过程进行得相当慢，钝化膜比较厚。温度升高时，钝化膜形成较快，膜的增厚受到相当大的抑制，结果生成较薄的膜。

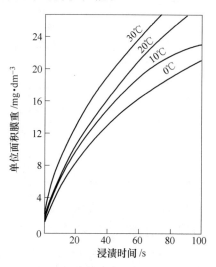

图 3-11　黄色铬酸盐钝化膜的厚度增长速度与钝化溶液温度的关系（pH 值为 1.5）

3.5.3　磷化后的钝化

磷化膜微观多孔、凹凸不平，钝化时磷化膜有进一步的溶平和封闭作用，使其孔隙率降低、耐蚀性增加，特别是当磷化膜较薄时，其孔隙率较大，磷化膜本身的耐蚀能力有限，有的甚至在干燥过程中就迅速被氧化生锈。磷化后进行一道钝化处理，可以使磷化膜孔隙中的金属生成钝化层，而使得磷化膜的孔隙得到封闭和填充。磷化膜经钝化处理，还可以溶解磷化膜表面的疏松层及包含在其中的各种水溶性残留物，从而使磷化膜在空气中不至于快速腐蚀而生锈，因此提高了磷化膜本身的防锈能力和耐蚀性。

有人用加速腐蚀即盐雾试验的方法来检测磷化后的钝化处理对提高产品的涂装性能所起的作用。得到的结果是，若以超轻量级铁系磷化膜做涂装底层时，可将涂层的耐蚀性能提高 33%～66%。

磷化后的钝化处理分有铬钝化和无铬钝化处理。有铬钝化处理一般采用含有 Cr^{6+} 的钝化剂，有时也采用含有 Cr^{3+} 的钝化剂。在生产过程中，采用含有 Cr^{6+} 的钝化剂时，可将钝化液的 pH 值控制在 2～4 的范围，采用 Cr^{3+} 的钝化剂时可将钝化液的 pH 值控制在 3.8～4.8 的范围内。

采用含铬钝化剂对磷化膜进行钝化处理的最大不足是废水处理，尽管采用含有 Cr^{3+} 的钝化剂比采用含有 Cr^{6+} 的钝化剂在废水处理方面更容易一些，但在废水中毕竟还是存在含铬的问题，受环境保护的限制，必须从根本上解决这一问题。因此，无铬钝化就受到了相当的重视，无铬钝化技术也得到了迅速发展。

无铬钝化的意义是根除了铬离子的污染，消除了铬离子对人体危害，降低了废水治理的费用。Cr^{6+}不但有毒，而且致癌，Cr^{3+}同样有毒。在治理含铬离子废水时，需要的设备投资大、运行费用高，而无铬钝化技术却在这方面有所改进，但无铬钝化技术尚未达到大量推广应用，主要原因是无铬钝化后的性能还远不如传统的含铬钝化。

目前的研究表明，在无机化合物中，只有含钼化合物可以发挥与含铬化合物相近似的钝化处理效果，但含钼废水的排放同样受到严格的限制，而未得到广泛的运用。一些有机化合物（如鞣酸）也被用来作磷化处理后的钝化剂，但真正在应用推广方面获得成功的并不多，有的化合物（如氟化锆）虽然可以发挥一定的效果，但与含铬化合物的钝化处理效果相比还是存在较大的差距，目前，真正有效实用的无铬钝化处理剂仍处于研究开发阶段。

磷化后采用钝化处理可以赋予磷化膜更加优良的涂装性能，这是毫无疑问的。而且，磷化处理的效果越差，钝化处理所发挥的作用就越明显。但是，金属表面磷化的好坏是要看磷化膜本身的质量，钝化处理只不过是对磷化膜本身质量的一个补充，所谓钝化处理能将涂层的性能提高百分之几，只是针对某一特定的磷化过程或磷化效果而言的，所以以提高磷化膜本身的质量才是最重要的，决不能只注重钝化处理效果而忽略了磷化处理。

思 考 题

3-1　基板涂层前为什么要进行表面预处理？

3-2　简述表面预处理的工艺流程。

3-3　彩涂基板的化学清洗通常采用何种方式？简述化学清洗的工作原理。

3-4　简述彩涂线常用的脱脂工艺并指出该工艺的优缺点。

3-5　简述几种常用基板脱脂效果的检验方法。

3-6　简述基板表面调整的作用及工艺机理。

3-7　简述基板转化膜处理的基本工艺及机理。

3-8　什么是基板的磷化处理？简述磷化膜的性质、结构和组成。

3-9　基板进行磷化处理后为何还要进行钝化处理？

3-10　化学转化膜主要起什么作用？

3-11　形成化学转化膜层主要有哪几种方式，各具有哪些特点？

4 生产彩色钢板使用的涂料

涂料的用途极为广泛，没有涂饰的现代生活是很难想象的。涂料工业是建筑和工业领域的配套工业，也是使用原材料最为广泛的工业之一。涂料中的绝大部分是采用有机化学品为原材料生产的，因此又与石油工业息息相关。涂料按照其用途，可分为建筑涂料、工业涂料和特种（功能）涂料三大类。

4.1 世界涂料的工业现状及发展

4.1.1 世界涂料的工业现状

从 2003 年以来，世界涂料的年均增速约 3.5%。在世界涂料生产中，如北美、西欧和亚太地区中，亚太地区将保持最快的增长速率，其增幅约为 4.5%，其中以中国的需求量最大，其增幅约为 6.4%。中国已成为世界上第二大涂料生产国。北美和西欧地区的涂料需求增速分别为 2.7% 和 2.3%，市场需求分别为 815 万吨和 603 万吨，占世界总量的近一半，而亚太地区需求量为 890 万吨，居世界第一。全球涂料市场近一半为世界 10 家顶级大涂料公司所瓜分，如果再加上位于其后的另 10 家顶级大涂料公司，则其占据 61% 的市场份额。

4.1.2 世界涂料的发展方向

世界涂料正朝着水性化、粉末化、无溶剂化、高固体化和辐射固化等低污染、无公害的方向发展。目前这些低污染、无公害涂料占全部涂料的 90% 以上。

4.2 涂料的基本组成和性能

液态涂料的组成有四部分：树脂、颜料、溶剂和助剂。在特殊的情况下，也可以省去其中一种，如在用于罩光的清漆中，可以省去颜料。

（1）树脂。树脂是涂料涂敷后赖以成膜的物质，是大分子的有机聚合物，也称作涂料中的基料。它能将涂料中的固体物质的颗粒黏合在一起形成膜层，并很好地附着于基体即钢板表面。根据其自身的化学性能，赋予涂层一些物理或化学性能。

（2）颜料。颜料是涂料中兼有装饰和保护作用的固体组分。它以颗粒状分散于涂料中和固化后的涂膜中。对于其中一些不为涂料提供颜色作用的物质，称作体质颜料。

（3）溶剂。在液态涂料中，一般把溶剂作为能溶解树脂的液体和可以调节涂料黏度的液体的统称。它使涂料成为一种流动体，是树脂、颜料和添加剂（助剂）的分散介质。它还能使涂料浸润基体表面，并在表面均匀地展开，在固化成膜的过程中蒸发散失。

（4）添加剂（助剂）。为了使涂料能进行存放，方便施工，并在成膜后具有或增强某些性能而添加的一些物质，称作涂料添加剂（助剂）。其特点是，虽然加入的量极少，但是所起的作用却很明显，对涂料或涂膜的性能影响极大，并有明确的针对性。例如：加入阻聚剂利于涂料的储存；加入催化剂可加快交联反应；加入流平剂、润湿剂利于涂敷施工；加入消光、抗老化剂等可以改善涂膜的光泽、抗老化性能。

要求涂料在施工和成膜后具有以下基本性能：

（1）能采用某一施工方式较容易地进行涂敷和实现固化；

（2）在合乎要求的基体表面上形成的涂层具有良好的附着力；

（3）交联固化后的涂层有所期望的硬度、韧性、耐久性、防腐蚀性能和装饰性能；

（4）有良好耐候性，即有一定的抗老化性；

（5）有进行修补或重涂的性能，如在出现粉化、消光、划伤等情况时，可进行磨光或用配套材料进行修补或重涂。

这些性能是对涂料的一般性要求，由于彩色涂层钢板生产工艺的特殊性，对于所使用的涂料的性能提出了更高的要求。

4.3　溶剂和稀释剂

4.3.1　溶剂在涂料中的作用

溶剂在涂料中的作用往往不为人们重视，认为它是挥发组分，最后总是挥发掉而不留在漆膜中，所以对漆的质量不会有很大影响。其实不然，各种溶剂的溶解力及挥发率等因素对制成的漆在生产、贮存、施工及漆膜光泽、附着力、表面状态等多方面性能都有极大影响。涂料用溶剂一般为混合溶剂，由三大部分组成，即真溶剂、助溶剂和稀释剂。酯类、酮类等溶剂既能溶解硝酸纤维素，也能溶解合成树脂，如丙烯酸树脂，是真溶剂。芳香烃及氯烃是合成树脂的真溶剂，硝酸纤维的非溶剂（稀释剂）。醇类是硝酸纤维素的助溶剂，合成树脂的非溶剂（稀释剂）。但对于含高羟基、羧基等极性基团的合成树脂，醇类又是真溶剂。脂肪烃（石油溶剂）不能溶解一般的丙烯酸树脂（除侧链烷基碳链较长的聚合物）。涂料在施工时，涂料中的树脂、颜料、增塑剂一般不宜调整，而涂料中的溶剂却能任意调整比例，达到最佳施工黏度。

4.3.2　溶剂的选择原则

溶剂的选择原则如下：

（1）相似相溶原则。各种高分子化合物及各种溶剂都因其分子结构的构型、极性基团的种类与数量、分子链的长短等因素的影响，而有不同的性质。高分子化合物如为极性分子，就必须使用极性溶剂使之溶解；如果高分子化合物是非极性的，就溶于非极性溶剂中，这就是相似相溶的规律。硝酸纤维素的分子具有较强的极性，所以能溶于酯、酮等极性溶剂，而不溶于烃类等非极性溶剂。

（2）溶解度参数原则。任何一种高分子材料都是靠分子间作用能使其大分子聚集在一起的，这种作用能称为内聚能。单位体积的内聚能为内聚能密度（CED），内聚能密度的平方根定义为溶解度参数。溶解度参数可作为选择溶剂的参考指标，对于非极性高分子材料或极性不是很强的高分子材料，当其溶解度参数与某一溶剂的溶解度参数相等或相差不超过±1.5g时，该聚合物便可溶于此溶剂中，否则不溶。

（3）混合溶剂原则。选择溶剂，除了使用单一溶剂外，还可使用混合溶剂。有时两种溶剂单独都不能溶解的聚合物，如将两种溶剂按一定比例混合起来，却能使同一聚合物溶解。混合溶剂具有协同效应，可作为选择溶剂一种方法。确定混合溶剂的比例，可按下式进行计算，使混合溶剂的溶解度参数接近聚合物的溶解度参数，再由实验验证最后确定。

$$\delta = \sum \phi_i \delta_i$$

式中，ϕ_i 为第 i 种溶剂的体积分数；δ_i 为第 i 种溶剂的溶解度参数。

4.3.3　溶剂的黏度和表面张力

不同的溶剂有着不同的黏度。同系物的溶剂黏度也因相对分子质量的增加而变大。一般来讲，溶剂本身的黏度并不高，但是溶剂的黏度对涂料的黏度影响却是很大的。一方面，聚合物溶于溶剂后的黏度与聚合物在溶液中的含量有关，聚合物的含量越高，黏度就越高。另外，也可按有机溶剂的毒性来换算求得车间内供排风的平衡，并保证某些工作区处于微正压，即供风量要分别大于排风量，所供的风应除尘（空调应具有加温、加湿功能），为了保证车间良好的生产环境，要提高员工的环境质量意识和文明生产素养。对同一种聚合物来讲，其相对分子质量越大，黏度就越大。另一方面，对于同一种聚合物和相同的含量的情况，若采用不同黏度的溶剂时，所获得的涂料黏度会有极大的差别。一般的规律是，使用的溶剂黏度大，涂料的黏度也会变大，有时甚至会出现几倍乃至几十倍的差别。

如要调低涂料的黏度，不能简单地加入某种溶剂，而要同时考虑溶剂的黏度，否则加入某单一溶剂后并不能因降低了聚合物的相对含量而使体系的黏度降低，如果使用不当反而会导致涂料的黏度升高。

表面张力是液体的主要性质之一。溶剂的存在和作用，才使液体涂料能成为一个液态体系，所以溶剂的张力不仅决定着自己的蒸发速率，而且决定着涂料对颜料和基材表面的浸润性能。彩色涂层钢板的生产工艺与一般的冷轧带钢生产工艺比较，由于工艺流程多而显得比较复杂。在生产过程中，各处理工艺之间的质量因素也较多，各种处理工艺之间密切相关，每一工艺的质量都对产品的质量和性能起着决定性的作用。而在各行各业中使用彩色涂层钢板时，对它的表面质量、各种性能的要求又极为严格。所以，在组织和进行彩色涂层钢板生产的过程中，必须十分重视质量管理工程。当树脂溶液的张力较低时，则有利于其对颜料的浸润，有利于涂料体系的稳定和储运，这样的涂料有利于润湿钢板表面。使用表面张力较低的溶剂时，就可以获得表面张力较低的涂料。

4.3.4　常用溶剂

在涂料中，常用溶剂一般分为下列几类物质：（1）水，主要用作水基涂料的溶剂；（2）以烷烃为主的混合物，包括石油醚、环己烷等；（3）萜烯类，如松节油、萜烯等；（4）芳香烃类，如甲苯、二甲苯等；（5）醇类，如丁醇等；（6）酯类，如乙酸乙酯等；（7）酮类，如甲乙酮、环己酮等；（8）醚及醚醇，如乙醚等；（9）硝基化烷烃，如硝基乙烷等；（10）氯化烷烃，如二氯甲烷等。

4.4　涂料中常用助剂

4.4.1　助剂及其性能

在当今市场上有许多可供配漆师们选择的助剂，虽然它们在涂料中作为关键成分，却很难对其进行定义。助剂的功能多种多样，有的非常专一，不受"罐"中其他成分的影响，有的是多功能的。一些助剂如分散剂和消泡剂，是作为具有高度专一功能的专用产品，在一些涂料中能发挥很好的作用，但并不适用于所有的涂料体系，这使我们对助剂的推荐工作非常困难，特别是配方的更换。助剂功能常有重叠区域，故其功能和分类之间不能清楚划分。如果使用一种助剂就要求其他助剂来抵消前者的影响，设计配方的关键在于了解助剂功能及在涂料中其他成分存在的前提下其物理化学行为。这不是一件简单容易的事，有时极少量助剂会对涂料及最终成膜性能有重大影响。涂料原料在彼此界面上所起的作用很复杂，也极其重要。助剂的功能一般可分为 4 种主要类型：

（1）防止型——防止潜在问题的发生，如霉菌生长。

（2）纠正型——纠正涂料弊病，如使用消泡剂。

（3）提高质量型——改善性能，如增滑、耐磨损。

（4）生产型——用于生产中的助剂，如分散剂有助于颜料分散。

水性助剂要比溶剂型助剂发展快。这并不奇怪，因为环保法规使许多人将它们的注意力集中在符合环保法规的材料上，原料供应者不断地响应日益提高的法规要求，提供的材料如消光剂，都是经过改性和提高，使它们适用于水性和高固体系统。乳胶漆也很难配制，因为要涉及很多种类助剂的使用，配漆师们需要跟上技术和原料的更新。

4.4.2　涂料助剂的应用现状

随着我国涂料工业的发展及涂料技术的进步以及市场经济的日趋完善，人民生活水平的不断提高，对涂料产品的质量及最终产品的质量提出了越来越高的要求。涂料助剂的应用已远远超出了传统的催干剂的范围。自 20 世纪 80 年代初期开始，进入了一个崭新的阶段，越来越多的涂料生产厂已认识到使用涂料助剂无论对提高产品质量、加大市场占有率以及带来更高的经济效益，均会带来相当可观的效果。自 80 年代初期，中国涂料工业开始进入较广泛使用涂料助剂的阶段。我国涂料助剂主要集中在催干剂（环烷酸金属盐）、部分乳化剂、船底防污剂、抗结皮剂及少量催化剂的生产及使用。改革开放后，对外的大门敞开了，国人的眼界开阔了，国外的助剂生产公司开始陆续进入中国市场，如大洋、汉高等公司已有少量产品开始在中国市场销售，随之毕克等公司也开始将系列的助剂产品推向中国的涂料市场。中国一批石化公司和一些中小型涂料生产厂和少量的助剂生产厂一直在从事涂料用助剂的开发和生产，其中也包括了一些涂料专门研究机构。但石化公司和国内的一些助剂厂主要是开发、生产一些石化原料生产的二次或三次加工产品，以及各种表面活性剂和乳化剂等。各涂料生产厂和研究院所也只是开发、生产一些具有针对性较强的品种，在某些产品中效果十分显著；但这只是个别的，没有形成较为系列的产品，市场选择的余地较小，只能在一些特定的场合下使用。一些新型的涂料助剂，逐步在国内开始开发成功，并在有关领导部门的支持下，逐步得到了推广应用。如利用我国丰富的稀土资源开发成功了稀土催干剂，可部分代替催干剂中的佼佼者——环烷酸钴（我国的钴资源较为短缺，仍需进口）。水性和溶剂型颜料分散剂聚羧酸盐、聚丙烯酸盐和磷酸酯盐等也先后在国内不少单位开发成功，并得到广泛应用，使乳胶漆色浆的制造技术得到了很快的提高。醚酯类化合物和有机磷酸盐为基料的消泡剂在乳胶漆中也大量使用，性能达到国外同类产品的性能。另外，在防霉杀菌剂、流平剂、偶联剂、防污剂、消光（哑光）剂、助成膜剂等方面也都有突破，使各种工具、建筑和家具涂料的水平有了一定的提高。但这种突破仍处于一些特色品种的出现，未形成系列产品，未形成国产助剂品种的系列化。涂料助剂的发展趋势见表 4-1。

表 4-1　涂料助剂的发展趋势

助剂类型	主要发展趋势
乳化剂	水溶剂低相对分子质量聚化物代替传统乳化剂，实现无皂聚合反应型乳化剂、功能型乳化剂
流平剂	高效，相容性广泛
分散剂	高分子分散剂、具有高效稳定基团的分散剂
防污剂	高效低毒无锡防污剂、天然产品提取物防污剂
放毒剂	高效安全性防毒杀菌剂、混合防毒剂
引发剂	官能团引发剂除了引发自由基反应外也参加固化反应，新型光敏反应剂
消光剂	低污染涂料，如水性漆、乳胶漆粉末涂料、高固体份涂料

4.4.3　表面活性剂

表面活性剂的特点是具有极性和非极性两部分的分子结构，可以使其一端吸附于极性分子或颗粒的表面，而另一端即非极性端可以容易地分散于非极性的物质环境中。彩色涂层钢板是大批量的集中性的涂敷产品的生产，因而使用的涂料也是大批量的。所以往往由于不同批次或不同厂家生产的涂料，以及同一批次涂料但搅拌不均匀等原因，会造成生产出的彩色涂层钢板表面颜色不同。这对大批量使用，特别是建筑上装饰使用是很不利的。所以要求彩色涂层钢板的色差尽量小或差别在允许的范围之内。有机涂膜在涂层板的加工和使用过程中，经常受到压、划、擦、磨等形式的作用。在这些外力作用下，为了保证表面膜不受损伤，要求表面膜具有一定硬度。硬度越高，对在使用中保护膜的完整无损越有利，但是硬度的提高将导致韧性的降低。因此，硬度和韧性只能在一定范围内求得平衡。根据用途选择硬度和柔韧性中的一个作为主要要求的性能，或是以适当的指标作为对产品硬度性能的要求。这样表面活性剂的存在可以使互不相溶的物质变得可以相互润湿或接近。如果颜料表面对树脂基料分子的吸引力较弱，那么加入表面活性剂，可以使颜料的颗粒分散和稳定。如果两种液体不能相溶或混合，加入表面活性剂，则可以使一种液体均匀地分散于另一种液体中。这对于水基涂料来讲是十分重要的。

4.4.4　影响表面光泽的助剂

涂料固化后表面比较亮，对于建筑用途，特别是一些器具用途的彩色涂层钢板来讲，希望表面光泽度较低。如果在色漆中增加颜料的含量，可以降低表面的光泽。但是，颜料的颗粒较多又破坏了表面的平滑性，甚至会影响到涂膜的性能，但却可以用加入消光剂的方法来解决。彩色涂层钢板在加工过程中，表面弯曲、冲压时，涂膜不仅受到挤压、弯曲，而且会受到拉伸。为了使膜在一定加工、变形范围内不致裂纹或断裂，要求固化的涂料薄膜具有良好的弹性与韧性，正如前边所说的那样，涂膜的韧性和涂膜的硬度是难以兼得的性能。由于彩色涂层钢板使用时要经过加工，因而表面涂膜还要经受挤压、剪切、拉伸等作用力而产生变形，因此要求涂膜对钢板有较强的附着力，特别是在基底和涂膜同时产生不同程度变形时，仍要具有相当的附着力才能保证在加工过程中不会出现起泡、脱落等现象。要获得优良的附着力，必须有配套的涂料和严格地执行工艺规程。脱脂、磷化、钝化、涂料品种及固化温度和时间长短无一不都会对附着力产生明显的影响。

例如，加入百分之几的极细的二氧化硅就可以达到目的。另外，也可以用加入少量石蜡的方法达到同样的目的。需要指出的是，细微的二氧化硅粒子会汇集成团，结成较大的颗粒，石蜡也会上浮到涂料表面上来。

4.4.5　其他助剂

在生产涂料时，为了提高涂料的黏度，保证各批产品出厂时黏度在同一标准范围内，往往加入调节黏度的增稠剂，如二氧化硅、硅酸盐及树脂型增稠剂。为了在储运时保证涂料性能加入的阻聚剂，为在涂敷后尽快地成膜而加入催干剂等催化剂；还有诸如消泡剂、光稳定剂（抗紫外线剂）、自由基捕获剂、防腐剂、防霉剂、防冻剂等。涂料添加剂的种类很多，但是都是涂料生产厂在生产涂料的过程中根据对涂料用途和性能的要求来使用的。

4.5　关于涂料的一些性质

4.5.1　涂料的黏度

流体流动时，由于流体与固体壁面的附着力和流体本身之间的分子运动和内聚力，流体各处的速度产生差异。例如两平面间充满流体，设下平面固定不动，而上平面以速度 v 运动，贴近两平面的流体必黏附于平面上，紧贴于运动面上的流体质点必以与运动平面相同的速度运动，而紧贴于下平面的流体质点的速度为零，平面间流体层的速度各不相同，但按一定规律分布。运动较快的流层可以带动较慢的流层，运动较慢的流层则又阻滞运动较快的流层，不同速度流层之间相互制约，产生类似固体摩擦过程的力，称为内摩擦力。流体流动时产生内摩擦力的这种性质，称为流体的黏性。由此可见，内摩擦力与流体黏性和流层速度差异的程度有关。因为，流层速度差相同而流层间距不同，情况也就不同。所以，只有垂直于速度方向的速度变化率，才能充分表征流层间速度差异的程度，称为速度梯度。据牛顿的总结，流体在运动时，阻滞剪切变形的内摩擦力与流体运动的剪切变形角速度，也就是速度梯度成正比，与接触面积成正比，与流体的性质（黏性）有关，而与流体内的压强无关。

（1）黏度与温度的关系。液体的黏度是液体运动时切应力的反映，它源自液体内聚力。分子运动较剧烈则内应力变小，因而黏度也变低；彩色涂层钢板制作的家具、电器等用品，经常有可能接触到酱油、辣椒油、果酱、果露、芥末、墨水、圆珠笔油、红蓝铅笔、口红、香水、鞋油等一类物质，从而在表面留下带不同颜色的痕迹。作为建筑用材有时还要考虑防粘贴和涂鸦问题。为了保持器具或建筑物等彩色涂层板表面的清洁，则要求彩色涂层钢板表面不被这些物质污染。即使被这些物品污染之后，也比较容易清洗而不留下痕迹。获得良好的耐污染性能主要依靠涂料的选择和充分的固化。反之，当分子内聚力增加时，黏度则升高。当温度变化时，由于分子运动状态的变化，液体的黏度也发生变化。当温度升高时，黏度便降低。

（2）黏度与压力的关系。与气体不同，液体是不可以压缩的，但是压力变化会引起黏度的变化。当压力增加时，会引起黏度的增加。以上关于流体的这些性质都是牛顿流体的性质。在涂料中只有其中纯的溶剂或者当涂料很稀时，它才具有牛顿流体的特性。在涂料中，由于高分子溶液的存在，分子间的缠绕、固体颜料的加入与其他化学基团强烈地吸附以及颗粒间的作用，使得涂料这一胶体体系有着与牛顿流体不同的特性。

4.5.2　涂料的触变性

涂料在储存、放置之后会变稠，而在加以搅拌之后又会变稀，即对涂料加以剪切力后涂料的黏度将随着剪切速率的增加而减小，这种性质称为涂料触变性。涂料的触变性可以通过旋转黏度计等仪器测定，其原理是转子可以做成筒形、转盘形或锥板形、桨形，对于彩色涂层钢板性能的要求，其中很大一部分是通过选择涂料来达到的。这些涂料固化后的性能又在很大程度上取决于生产工艺及质量管理。为了保证产品的质量则希望尽可能快地获得信息的反馈，最好在生产现场就对产品进行检验。

在生产现场，由于时间和设备条件的限制，希望只检验一些主要的性能以确定生产工艺是否正常，是否能使涂料成膜后具有应有的性能。所以现场检验主要是检验涂料是否完全固化，以及是否基本符合要求的硬度和附着力。利用操作人员随身携带的器具进行检验和作出判断，如果不能满足质量要求，就要立即调整生产工艺参数。例如，在卸卷后立即用溶剂擦拭产品表面，发现掉色，则说明固化不良，需调整加热炉等的工艺状态。对于硬度、附着力、颜色、色差等也可以进行类似的检验，如就地用铅笔或硬币进行硬度和附着力试验等，以设定的不同速度旋转。每次当达到一定的稳定转动状态后，测定它产生的力矩，并换算成绝对黏度值。

在用旋转黏度计进行测定时，首先从低速开始，逐渐加大旋转速度（即剪切速率），尽量使每次改变速度的时间间隔相等，然后，再从较高的转速以依次降减的方法进行测定，这样又可以得到曲线。如果所得的是环状曲线，则表示所测的涂料是有触变性的。环的面积越大，那么所测涂料的触变性就越强。对于无触变性的液体，所测得到的是一条直线。涂料的触变性是一种关系到涂料储存、施工性能的重要特性。

4.5.3　涂膜的附着

涂料涂敷浸润基材表面，经过化学反应交联成膜，附着于基材表面，形成对于基材起保护作用的连续薄膜。涂层对于基材的附着性能决定彩色涂层钢板的性能。

涂料形成的薄膜在彩色涂层钢板表面的附着性能是复杂的，它受多种因素的影响。对于生产彩色涂层钢板来讲，应该考虑到以下几方面：

（1）金属表面与预处理膜的附着；

（2）金属和涂膜的附着；

（3）预处理膜与涂膜之间的附着；

（4）底层涂膜与表层涂膜之间的附着；

（5）涂膜和预处理膜之间的内聚力。

影响涂层附着力的因素主要有以下两方面：一是涂敷涂料后产品的附着力，这并不是涂层面漆的附着力，而是两层或多层涂膜的总体特性的表现。对于使用底漆涂料进行的研究结果，证明支配附着力的不是面漆涂料的特性，而是整体的特性，与涂膜的内部应力有关。二是涂膜的内部应力，这是由弹性率、伸长率和应力缓和时间等引起的，是内部应力，支配着涂层的附着性能。涂料的内部应力包括以下几方面：

（1）涂层的内部应力。涂料涂敷于基板之后，在加热或其他固化方式下固化的过程中，产生交联反应。涂料中所有的各种可挥发性物质的挥发，将造成体积的收缩。在固化加热后冷却时，由于基板与涂膜的热膨胀不同会引起变形；在空气冷却和喷雾冷却时，由于干湿的变化，涂膜也会吸水而引起变形。

（2）交联固化及溶剂逸出产生的变形应力。在彩色涂层钢板生产中，当采用加热工艺进行涂膜固化的过程中，在带钢进入加热炉之后，钢板和涂料快速升温。溶剂依照挥发速率的不同而先后挥发进入加热炉的炉气之中，这时钢板和涂料并未达到交联固化所需的温度。光泽仪由光源部分和接收部分组成，光源发出的光线穿过透镜后成平行光束射向涂膜表面。反射后的光经过透镜汇聚，经视场光栏被光电池吸收转变成电信号。进行测定时，首先用工作基准板进行校正，即先用工作基准板进行测定，检查仪器显示数值与规定数值的偏差是否合乎要求（如1个光泽单位），如果偏差较大，需要对仪器进行调整后再进行光泽测定色差的测定。

涂料虽然增稠，但仍未固化。由于失去溶剂引起的体积收缩所产生的张力，因液态涂料的流动而减弱。当固化交联开始后，作为涂膜的整体已无法流动，物质的运动以网络中的分子运动的形式进行。此后随反应的进行，溶剂的挥发、逸出所造成的体积收缩和变形便产生了内部的变形应力。伴随着反应的进行，交联固化型的涂料引起体积的收缩，产生了硬化变形。例如，丙烯酸树脂，以电感应进行加热时，体积收缩率为20.3%，是典型的收缩率比较大的涂料。双酚型的胺硬化环氧树脂，在室温固化时的体积收缩率为2.5%，是属于体积收缩较小的典型。

总体来讲，交联固化型涂料在固化时，有百分之几的体积收缩是不可避免的。一般交联反应温度在涂层的玻璃化温度以上发生，涂层的体积变化是发生在固化温度降至玻璃化温度阶段。硬化反应型变形，大多不会成为应力变形的主体。

（3）热收缩产生的内部应力。涂料固化后的有机聚合物性质的涂层，附着于金属基板的表面，两者的线膨胀系数有着较大的差别。所以在温度变化时，它们的伸缩率变化不同。

在温度变化时，由于温度差异导致热胀冷缩，引起变形。在极端的情况下，这种力可以达到77421kPa。因热胀冷缩而形成的应力，不仅与涂层的玻璃化温度有关，还与涂层的应力缓和特性等的黏弹性值和线膨胀系数的大小有关。对于热固化型涂料，温度变形应力还会影响到涂层的耐久性。

（4）吸水变形应力。涂料固化后，形成的涂膜在使用过程中暴露于大气自然环境中，经受日夜、晴雨、湿度、温度的变化，产生吸湿-干燥的不断循环过程，造成体积变形，而形成内部应力。涂膜色差测定的最简单方法是用目视比色法，即由具有正常视力的人员在天然散射的光照下，目测被检查试样与所制备的试样的颜色是否有差别。有时，为了比较准确起见，可以在标准光源、同一样板台、在同样的距离以同样的角度进行观察。以环氧树脂为例，进行的研究试验表明，吸水量越小，应力缓和性能越强，膜的附着性越好。进一步在其中加入煤焦油的试验说明：加入煤焦油后，降低了涂层的吸水量，应力缓和的能力有所提高，润湿附着性能也变好。

（5）边界层的作用。除了在表面层和底层涂料不相匹配的情况之外，在检测涂层的附着力时发现，附着的破坏都发生于涂层和基板的界面。这表明在基板和涂层之间存在着一个脆弱的薄层。而在受到拉伸变形时发生破坏的正是这一薄层。它的强度取决于基板与电泳涂层的界面上，获得的红外吸收光谱得到了电镀锌层与环氧酯类涂层之间存在着脆弱层。测定色差时使用色差计，以规定的光源并对照标准试样（用硫酸钡粉末压制的样板或与之作相对校正的瓷制样板），按照使用说明书对欲测样板进行测试。

影响彩涂板涂层附着力的一般性因素有涂料种类与性能、基板表面预处理工艺、涂层固化工艺以及基板的表面粗糙度。除此之外，基板表面活性对涂层附着力具有明显的影响。基板表面活性与镀层表面铝元素富集相关，表面铝含量越高，则表面活性越高，彩涂板涂层附着力就越好；相反，则表面活性越低，彩涂板涂层附着力就越差。而镀层表面铝含量则与热镀锌生产工艺状况密切相关，不同生产线或者不同生产工艺状况均会导致镀层表面特性差异。

4.6　生产彩色涂层钢板常用的涂料

4.6.1　聚偏氟乙烯树脂

聚偏氟乙烯涂料属于高温固化涂料，具有耐候、耐沾污、保色、韧性好、耐磨、耐冲击、耐化学品等优点，是一种理想的外墙涂料。聚偏氟乙烯涂层系统通常包括底层、面层和罩光层三部分。不同的涂层有不同的涂料配方。一般而言，聚偏氟乙烯涂料配方中常包括聚偏氟乙烯树脂、改性树脂（常用的有热塑性丙烯酸树脂、环氧树脂或热固型丙烯酸树脂）、溶剂、颜料、填料及助剂等物质。涂料用的聚偏氟乙烯树脂目前主要是偏氟乙烯的均聚物，其具体指标见表4-2。在涂料中的溶剂以前多用异佛尔酮为主要溶剂，但是由于异佛尔酮会对环境造成污染，因此无异佛尔酮混合溶剂成了聚偏氟乙烯涂料的研究热点。偏氟乙烯均聚物涂料的烘烤成膜温度为 $210\sim240℃$，但是如将偏氟乙烯与四氟乙烯、六氟丙烯或三氟氯乙烯等进行二元、三元甚至是四元共聚体，可以得到低熔点的各种共聚物，从而实现低温或是常温的非交联成膜树脂。目前，国内以偏氟乙烯与其他含氟单体共聚的涂料用常温固化型氟碳树脂尚未出现，这一方面具有很大的发展空间。

表 4-2 偏氯乙烯指标

项　　目	指　标　值
相对分子质量/ 万	50~80
熔点/℃	156~161
相对密度	1.75~1.77
吸水率/%	≤0.1
熔体流动速率/$g \cdot 10min^{-1}$	1~2

4.6.2　硅改性聚酯树脂

用于彩色涂层板生产作为面漆使用的聚酯涂料，具有较好的强度和附着力以及较好的柔韧性。但是在用于室外建筑和装饰用途时，则期望有更高的耐候性和热稳定性及耐老化性能，也就是需要在这些性能方面比聚酯涂料性能更好的涂料。有机硅聚合物具有一种结合力强的化学键的结构，因而有机硅化合物具优良的耐热、耐候性能。所以，在涂料工业中常用有机硅树脂来对其他树脂进行改性。用有机硅树脂对聚酯树脂进行改性后获得了性能比聚酯涂料优良的有机硅改性聚酯涂料。

4.6.3　聚丙烯酸涂料

聚丙烯酸树脂是 20 世纪 30 年代实现工业化生产的化工产品，50 年代用于成卷彩色涂层钢板的生产。使用的丙烯酸涂料是热固性的丙烯酸树脂涂料。它是由丙烯酸取代的同系物或其衍生物或是丙烯酸酯类聚合而成的。它以甲醚化三聚氰胺树脂作为交联剂再加入颜料、填料和助剂等而制造涂料。

由于丙烯酸类单体繁多，可以生产出多种性能的涂料。此类涂料中树脂的主链通过碳碳双键加成聚合而成。聚丙烯酸树脂涂料可以有较高的固体含量，能较长时间地保持光泽和色彩，具有良好的覆盖性，因此它是一种可以用于室外和室内的涂料，特别用于室内器具时是一种理想的涂料。

4.6.4　水剂涂料

水作为溶剂的主要优点是价廉易得、无毒、不燃。但是它也并不是一种十分理想的涂料溶剂，因为能与水混溶的有机液体数量有限，而以水为溶剂或分散相的成膜物质往往在成膜之后还对水敏感。由于自然界到处都有水存在，因此任何涂膜都要考虑到抗水性的问题。

从理论上讲，任何类型的树脂都可以设法做成水溶性的。通常的做法是在聚合物中引入足够多数量的羧基，使树脂的酸值大于 50mm，然后用挥发性的碱性化合物，如氨或胺中和羧基，使树脂变成聚合物的盐类，这样树脂就能溶解于水或水与醚醇的混合液中。例如，将干性油与顺丁烯二酸酐一起加热能使两者的双键互相结合而成为一种含羧基的化合物。如果树脂中的羧基未完全中和，加水后则成乳液。

曾用于彩色涂层钢板生产的水剂涂料，有丙烯酸水剂涂料。水溶性丙烯酸涂料所用的丙烯酸树脂基本上与溶剂型丙烯酸涂料所用的丙烯酸树脂相同，主要是带羟基的丙烯酸共聚树脂，利用氨基树脂交联成膜。所不同的是水溶性涂料用的树脂还需要带有一定的羧基，用胺（或氨）中和以后，树脂成阴离子型而具水溶性，共聚树脂中丙烯酸的含量一般在 10～20（摩尔分数）中和后的丙烯酸树脂虽是水溶性的，但溶解性并不好，常形成微乳状的液体或黏度很高的溶液。为得到适用的水性树脂溶液，还必须加入一定数量的水溶性有机溶剂，所以水溶性丙烯酸涂料也有对环境的污染问题，只不过少一些而已。这里所指的经济效益比较，是指彩色涂层钢板用于各种用途或用来制作各种器具时，与过去所用的普通制造工艺生产进行比较时，在经济效益上的差别。所谓的普通制造工艺，指原料钢板到厂后的脱脂、清洗、加工后的涂漆、干燥等工艺。在使用彩色涂层钢板作为制造原料时，这些操作工序已在彩色涂层钢板生产厂完成，故对于器具生产厂来讲，可在如下的各方面有所节约。另外，为使树脂有好的水溶性，丙烯酸树脂相对分子质量比其他类型丙烯酸涂料用树脂的相对分子质量也要低一些，经氨基树脂交联成膜后，性能不如溶剂型或乳胶型丙烯酸涂料。

由于此种涂料的防锈性能较差，生产技术要求较高，在低温下储存和运输较麻烦，因此，用于彩色涂层钢板生产的量并不大。

4.7　底漆、黏结剂和背面漆

底漆：环氧类底漆（氨基交联型、聚氨酯交联型、环氧磷酸酯型）；改性环氧底漆（聚氨酯改性、聚酯改性、聚酰胺改性之类）；聚酯底漆（氨基交联型、聚氨酯交联型）；水性底漆（水性电泳漆、丙烯酸乳胶底漆）。在彩涂板底漆中，环氧底漆是最经典的底漆，然而随着彩涂板在家电行业的应用扩大，为提高涂层的成型性，聚氨酯底漆的应用越来越广泛。

背面漆：环氧型（与环氧型底漆相同）；聚酯型（氨基聚酯类、环氧改性聚酯类）；氨基醇酸型；聚氨酯类。背面漆一般采用环氧、聚酯背面漆。环氧背面漆具有良好的耐蚀性、抗划伤性，但加工性稍差；聚酯背面漆具有良好的加工性、耐候性，但耐蚀性、抗划伤性略逊于环氧背面漆。

面漆：乙烯类卷材面漆；塑溶胶和有机溶胶（聚氯乙烯类）；聚酯类；硅改性聚酯类（有机硅含量 25%～50%，冷拼：有机硅含量小于 30%）；丙烯酸类（热固性，其中溶剂型有烷基化甲氧基丙烯酸胺的共聚树脂制得的自交联型涂料，用于预处理过的铝材上，不需底漆；水性型有水性丙烯酸涂料，用氨基树脂作交联剂）；可焊接型（采用锌粉，或不含树脂的用铬酸、锌粉及其他化学品组成的水性烘漆，或用线型环氧树脂作基料的含大量细颗粒锌粉的可焊富锌涂料）；氟碳树脂类（主要品种是用聚偏二氟乙烯树脂为主制成的分散型涂料，其氟碳树脂含量至少占总树脂量的 70%，其固体含量至少占总固体含量的 40%，其他成分是丙烯酸树脂、颜料和溶剂，以及紫外线吸收剂、流变助剂、消泡剂之类的助剂）。在面漆方面，聚酯在耐蚀性、装饰性及成本等方面的综合优势使其在彩涂板面漆中占据主导地位，消耗量占全部面漆的 50% 以上；硅改性聚酯耐紫外线及耐热性较好，广泛应用于户外建筑，如美国户外建筑用彩涂板多采用硅改性聚酯作面漆，占面漆总消耗量的 39%；PVC 塑料溶胶涂层板虽具有优良的柔韧性、耐腐蚀性及良好的耐化学品性，但其生产成本较高，不利于环保，因而用量正日渐减少；氟碳彩涂板以其优异的耐候性、耐化学品性、耐腐蚀性及抗沾污性而越来越受到高档建筑物的青睐。人们对一般的聚酯、聚偏二氟乙烯和塑料溶胶系统进行改良，获得超级的颜色重现性、抗紫外线、抗 SO_2 和抗沾污的新涂料系统。选择耐蚀性优良的彩板对建筑业显得尤为重要。显然，由于各地气候环境条件的差异，同样的材料在不同地点使用，其寿命也会有差异。所以要保证建筑涂料的超耐久性，最好选用氟碳树脂涂料。

4.8　功能性涂料

为了适应各种特殊的需要，还有许多功能性涂料用于彩色涂层钢板的生产。这些产品因具有特殊的性能而用于专门的用途，而且品种也越来越多，举例如下。

4.8.1　功能性水性聚氨酯涂料

随着人们环保意识的加强和各国环保法律法规对挥发性有机化合物（VOC）排放量的限制，水性聚氨酯的研究与开发日益受到重视。水性聚氨酯是以水为分散介质，聚氨酯树脂溶解或分散于水中而形成的二元胶态体系，以其制备的水性聚氨酯涂料中不含或含有极少量的有机溶剂。水性聚氨酯涂料不仅具有无毒无臭味、无污染、不易燃烧、成本低、不易损伤被涂饰表面、施工方便、易于清理等优点，还具有溶剂型聚氨酯涂料所固有的高硬度、耐磨损等优异性能，因而在木器涂料、汽车涂料、建筑涂料、塑料涂料、纸张涂层以及织物和皮革涂饰等许多领域得到了广泛的应用。为了满足人们在生产和生活方面对具有新型功能的水性涂料的需求，近年来，人们通过对水性聚氨酯改性或添加助剂开发出了许多具有特殊物理性质和化学性质的水性聚氨酯涂料，提高了水性聚氨酯涂料的功能性，扩大了水性聚氨酯涂料的应用范围。下面综述了几种功能性水性聚氨酯涂料的最新研究进展。

4.8.2　防腐蚀水性聚氨酯涂料

材料与周围介质发生化学或电化学作用生成氧化物而丧失或减退其原有性能的现象称为腐蚀。腐蚀给人类造成的损失是惊人的，全球每年因腐蚀造成的经济损失约 10000 亿美元，约占全年金属总产值的 10%。腐蚀造成的损失已经引起了人们的高度重视，针对金属腐蚀，人们采取了一系列的防腐方法，其中最常用的是涂层防腐，这主要是因为涂层防腐不仅具有施工和维修方便、可与其他防腐蚀措施配合使用的优点，而且与其他防腐蚀措施相比，施工费用和成本较低。涂料的防腐蚀作用主要有覆盖作用、钝化缓蚀作用和电化学作用，涂覆在金属表面的涂层能够避免金属与腐蚀介质直接接触，从而达到防腐蚀的效果。防腐蚀涂料过去一直将水性涂料排除在外，但随着水性涂料技术的发展，世界上已有许多成功的金属防腐水性涂料体系，如水性聚氨酯涂料、水性环氧涂料、水性丙烯酸涂料等。环氧树脂涂料在低温下几乎不能固化，为了弥补这个缺点，人们开始将水性聚氨酯涂料应用于金属防腐蚀中。防腐蚀水性聚氨酯多为单组分聚氨酯，它可低温固化，并且具有突出的耐酸碱性、耐油、耐盐水、耐磨、抗冲击、抗应变等性能，是一类具有优异的综合性能和良好发展前景的防腐树脂涂料基料。但是水性聚氨酯由于以水为分散剂，其涂膜的耐水、耐化学性和耐溶剂性较差，若要达到防腐蚀的性能，需要加以改性，常用的改性材料为环氧树脂和丙烯酸树脂。环氧树脂除了含有环氧基团外，还含有羟基基团，能直接参与水性聚氨酯的合成反应，丙烯酸含有羟基基团，以共聚或共混的方式对水性聚氨酯进行改性。环氧改性水性聚氨酯涂料具有许多优异的性能，涂膜不仅附着力强，而且具有极好的耐油、耐酸、耐碱、耐盐水、耐水、耐溶剂性；丙烯酸改性水性聚氨酯涂料是一类兼具水性丙酸涂料和水性聚氨酯涂料优点的新型涂料，具有优异的耐候性、自增稠性好、固含量高。环氧树脂、丙烯酸树脂复合改性的水性聚氨酯树脂可以制成多种防腐涂料，主要作为防腐面漆使用，水性聚氨酯面漆与环氧底漆配合使用，防腐效果更佳。

4.8.3   防水水性聚氨酯涂料

聚氨酯防水涂料是继煤焦油型、沥青型和彩色型防水涂料之后出现的一种新型防水涂料，由于其具有优异的弹性、耐久性、附着力、耐磨损性、耐药品性、防水层轻、无接缝及容易修补等特点，而被广泛用作外防水层。聚氨酯防水涂料按照分散介质的不同可以分为溶剂型防水涂料、无溶剂型防水涂料和水性防水涂料。水性聚氨酯防水涂料以水作为分散介质，是一种绿色环保的防水涂料，虽然其在性能方面与溶剂型聚氨酯防水涂料存在较大差距，但是水性聚氨酯涂料的无毒、无臭味、无污染空气和水源、不易燃、操作方便、易于清理等优点引起了广大研究者的青睐。而且与其他种类的水性涂料相比，水性聚氨酯涂料成膜后力学性能好，对水泥地面、混凝土、陶瓷、钢铁、石棉等都有较好的黏接性，成膜性好。在制备水性聚氨酯时，为了使聚氨酯树脂在水中充分分散，通常对聚氨酯树脂进行亲水改性，引入大量的亲水基团，导致其吸水率增大，从而使涂料的耐水性变差，遇水容易发生溶解或溶胀。这不仅影响了水性聚氨酯防水涂料的装饰性能，还使涂料丧失了对基材的防水和保护性能。为了提高水性聚氨酯防水涂料的耐水性，有效方法是使水性聚氨酯与其他树脂复合改性，常用的改性树脂有丙烯酸树脂、环氧树脂、有机硅树脂等。

4.8.4   阻燃水性聚氨酯涂料

阻燃涂料是通过将阻燃剂加入涂料中制得的。按照燃烧特性，可将阻燃涂料分为膨胀型阻燃涂料和非膨胀型阻燃涂料。非膨胀型阻燃涂料涂层自身难燃或不燃，在火焰或高温下释放出灭火性气体，以便冲淡、覆盖和捕获因受热而分解的易燃气体和空气中的氧气，从而隔绝空气，达到防止或延滞基材着火燃烧，但是隔热阻燃效果不明显。膨胀型阻燃涂料在火焰或高温下，阻燃剂催化可燃物发生膨胀、炭化以及脱水作用，形成均匀致密的海绵状或泡沫状炭质层，炭质层的绝热性能好，能够阻碍热的传导和隔绝空气，阻挡外界火源对基材的直接加热作用，并因涂层组分在发生物理化学变化时吸收大量热量以及释放出水、氨等不燃性气体降低了氧气浓度，是真正有效的阻燃涂料。目前阻燃涂料的研究主要集中在开发一些高性能或环保型产品中，其中研究较多的是水性膨胀型阻燃涂料，尤其是水性聚氨酯膨胀型阻燃涂料。

4.8.5   抗涂鸦水性聚氨酯涂料

恶意涂鸦行为时有发生，难以避免，不仅影响市容景观，而且清除涂鸦费时费力，消耗大量资金，伦敦在 2002 年用于清除涂鸦的资金已高达 1.4 亿美元。因此，开发具有抗涂鸦功能的涂料显得非常必要。抗涂鸦涂料多为聚氨酯涂料，主要是因为聚氨酯涂料硬度高，耐磨且持久，涂鸦易清洗。而随着人们对涂料抗涂鸦性能要求的提高以及国家对 VOC 排放量的限制，开发改性的水性聚氨酯抗涂鸦涂料已经成为必然趋势。涂鸦有油性也有水性，涂膜必须同时具备良好的憎水性和憎油性；为了能够用简单擦拭的方去除涂鸦，涂膜表面应平整光滑，表面吉布斯自由能低。提高涂膜的抗涂鸦性主要是通过改善涂膜的表面性质使之对污染物难以吸附并容易除去，以及提高涂膜的致密性使污染物不易渗入这两个基本途径。目前，主要是利用有机硅和氟树脂来改善水性聚氨酯涂料的表面性质，降低表面吉布斯自由能。涂膜的致密性不好是导致涂鸦浸入涂膜的主要原因，而涂膜的致密性与涂料的颜料体积浓度有很大关系，当涂膜的 PVC 值高于临界 PVC 值时，涂膜为多孔结构，耐沾污性大大降低，因此，降低颜料的使用量是提高涂膜致密性的有效方法。

4.9　粉末涂料

目前工业化生产和大规模应用的粉末涂料都是热固型树脂，如环氧、聚酯、聚氨酯等。随着粉末涂料技术的不断进步，树脂体系也不断变化，其增长幅度也因应用性能的不同而变化。

4.9.1　粉末涂料的制造

粉末涂料的制造方法有以下几种：

（1）喷雾干燥法。喷雾干燥法也是湿法制造粉末涂料的一种方法，其主要优点有：1）配色容易；2）可以直接使用溶剂型涂料生产设备，同时加上喷雾设备即可进行生产；3）设备清洗比较简单；4）生产中的不合格产品可以重新溶解后再加工；5）产品的粒度分布窄，球形的多，涂料的输送流动性和静电涂装施工性能好。其缺点是要使用大量溶剂；需要在防火、防爆等安全方面引起高度重视；涂料的制造成本高。这种方法适用于丙烯酸粉末涂料和水分散粉末涂料用树脂的制造。

（2）沉淀法。沉淀法与水分散涂料的制造法有些类似，配成溶剂型涂料后借助于沉淀剂的作用使液态涂料成粒，然后分级、过滤制得产品。这种方法适合以溶剂型涂料制造粉末涂料，所得到的粉末涂料粒度分布窄且易控制。由于其工艺流程长、制造成本高，工业化推广受到限制。

（3）超临界流体法。美国公司开发了超临界流体制造粉末涂料的方法，该法使用超临界状态的高压二氧化碳作为加工流体来分散涂料的各组分，可开发多种传统工艺无法制造的粉末涂料。

4.9.2　粉末涂料的应用

粉末在汽车工业中的应用 1990 年汽车的零部件喷涂粉末涂料取得成功以后，国内生产的热固性环氧聚酯、纯聚酯、聚氨酯和丙烯酸型粉末涂料在满足汽车的外装饰性、抗刮伤性、抗紫外线性方面都有所提高，而且已在汽车发动机、底盘、车轮（轮载）滤清器操纵杆、反光镜、雨刮器、喇叭等部件上得到应用。对于汽车用粉末涂料来讲，在技术性能上应向低温化（固化温度最好在 120~150℃左右 10min）、薄膜化（节省资源，目前粉末涂料一次喷涂厚度在 40μm 以上）的方向发展。汽车对于涂膜的物化性能要求很高，对涂装的要求也很高，是一般涂装流水线不能相比的。目前，我国很多大型汽车涂装流水线，大多是德国杜尔公司建造的，然而我国生产的汽车涂料（面涂）与国外涂料相比，无论是在耐候性、抗紫外线还是装饰性等方面都有较大的差距。我国很多汽车制造厂所用的面漆、修补漆，仍是由国外涂料商所占领。在环保要求越来越严的情况下，我国粉末涂料的生产技术必须加快研发，不断提高产品的物化性能和品种需求。

目前汽车工业非常需要电沉积型粉末涂料（又称粉末电泳涂料，是将一定粒度的粉末涂料分散于含有电泳树脂的水溶液中，在直流电场的作用下，利用电泳树脂作为载体将粉末涂料一起沉积在基体表面的电泳方法，该涂料只有与电泳树脂匹配，才可以得到良好的涂膜）、水分散性粉末涂料以及粉末型的罩光面漆。例如粉末涂料在建筑上的应用，热敏性材料用粉末涂料。近年来，对热敏性材料的粉末涂料涂敷有了较快进展，荷兰科学家将辐射固化技术与粉末涂料技术有机结合起来，可使粉末涂料在低温下快速固化，使热敏性材料涂敷粉末涂料变成了现实。荷兰 DSM 公司开发的粉末涂料，是由顺丁烯二酸或反丁烯二酸的不饱和聚酯的齐聚物与乙烯醚不饱和化聚氨酯组成。UV 固化是基于贫电子的顺丁烯二酸酯或反丁烯二酸酯与富电子的乙烯醚基团的共聚反应。在操作条件下，两组分并不发生均聚反应，所以粉末涂料具有热稳定性。

4.9.3 功能性粉末涂料及粉末涂料的新品种

功能性粉末涂料有着极其广阔的发展前景，不少粉末涂料厂家和科研院所已开始了这方面的工作，如抗菌性粉末涂料（应用在食品机械、电冰箱、医疗器械方面），特殊绝缘型粉末涂料、导电型粉末涂料（用于电器设备）、耐低温粉末涂料（用于高寒地区的设备、机械），以及一次涂敷底面合一型的粉末涂料等。宁波某公司经过 2 年的研究，已开发出了富 Zn 环氧重防腐粉末涂料（含 Zn 量 56%，厚度 $40\sim50\mu m$，固化温度 180℃）。这种新的防腐涂料将有助于解决日益苛刻的工况、环境条件下的仪器、仪表、设备的应用。纳米材料的出现，为开发功能型粉末涂料提供了坚实的物质基础。纳米材料的应用提高了涂料的物化性能及特殊功能，但称其为纳米涂料是不恰当的。纳米材料在涂料中的应用，并不是简单的加入，而是在纳米材料与成膜物质的匹配上、分散工艺、制备方法和材料的表面改性上进行大量的工作。只有经过试验，不断改进、完善后，才能取得较为满意的结果。

4.10 国内彩色涂层钢板用涂料概况

20 世纪 60 年代，国内开始研制聚氯乙烯涂层板和复层板的同时，也开始了研制聚氯乙烯专用底层涂料的工作，并生产出以聚氯乙烯-醋酸乙烯-顺丁烯二酸酐共聚物为主体的"三元树脂"黏结剂。这一产品被应用于上海第三钢铁厂的聚氯乙烯复层板生产。

进入 20 世纪 80 年代以后，国家组织了彩色涂层钢板有关项目的研制工作，其中包括彩色涂层钢板所用涂料的研制工作。德国彩色涂层钢板产量较大，不仅用于国内压型钢板建筑，而且将彩色涂层钢板生产技术输往瑞典、波兰和前苏联等国家。德国彩色涂层建筑压型钢板品种繁多，可分别用于墙板、屋面或屋面的承重层或保温的围护结构、楼板等，这包括了对聚氯乙烯塑料糊胶专用底漆、背面漆、底漆、聚酯类面漆、丙烯酸类面漆的研究试制工作。

国内研制的涂料，先后在原化工部涂料研究所、包头市油漆厂、上海涂料研究所、上海振华造漆厂实现了工业化生产。生产的面漆、背面漆和底漆，已在鞍钢的工业试验机组和宝山钢铁公司冷轧厂、武汉钢铁公司冷轧厂、北京建翔建材公司等彩色涂层钢板生产线上使用。另外，根据彩色涂层钢板生产发展的需要，正在开发新的涂料品种。

思 考 题

4-1 简述世界涂料的工业发展状况及发展方向。

4-2 涂料由哪些部分组成，其性能、特点如何？

4-3 溶剂在涂料中的基本作用是什么？

4-4 溶剂的选择要遵循哪些原则？

4-5 涂料中常用的助剂有哪些，各自具有什么作用？

4-6 涂料具有哪些基本性能，这些性能分别受哪些因素的影响？

4-7 生产彩色涂层钢板常用的涂料有哪些种类，各自有哪些特点？

4-8 涂料的成膜机理是什么？

4-9 彩涂板底漆起什么作用，哪些涂料可以做底漆？

4-10 彩涂板底漆有哪些特性，怎样才能达到高速生产的要求？

4-11 彩涂板的背面漆起什么作用，哪些涂料可以做背面漆？

4-12 彩涂板面漆起什么作用，哪些涂料可以做面漆？

4-13 什么是功能性涂料，常用的功能性涂料有哪些？

4-14 目前常用的粉末涂料生产工艺主要有哪几种，分别有何特点？

4-15 什么是高固体分涂料，具有哪些性能特点？

4-16 什么是光固化涂料，其制备及使用过程中主要受哪些因素影响？

4-17 水剂涂料具有什么优缺点？

5 生产彩色涂层钢板的工艺流程和设备

5.1 概 述

5.1.1 工艺流程

目前一般习惯用彩色涂层钢板生产过程中涂敷或烘烤固化的次数来表示彩色涂层钢板生产工艺，如一涂一烘、二涂二烘、三涂三烘及四涂四烘。目前采用二涂二烘（热风加热）型生产工艺的占绝大多数，本节以二涂二烘的生产工艺为主进行介绍。

当使用冷轧钢板作为基板时，生产工艺流程是：

开卷—剪切—压毛刺—缝合（或焊接）—预清洗—张力辊—入口活套—刷洗—脱脂处理—清洗（—表面活化）—磷化处理—清洗—铬化处理—吹干—涂料涂敷—烘烤固化—空气冷却—水冷—吹干—二次涂料涂敷—二次烘烤固化—空气冷却（—复层—压花—印花）—水冷—吹干（—拉伸矫直）—张力辊—出口活套—张力辊—涂蜡（或覆膜）—卷取。

当使用镀锌类基板时，表面处理有所不同，即在脱脂处理和水清洗后进行表面活化和调质处理，在此前后的其他工艺大体相同。

生产高档产品时采用三涂三烘工艺：

开卷—剪切—压毛刺—缝合（或焊接）—预清洗—张力辊—入口活套—刷洗—脱脂处理—清洗（—表面调整）—磷化处理—清洗—铬化处理—烘干—涂料涂敷—烘烤固化—空气冷却—水冷—烘干—二次涂料涂敷—二次烘烤固化—空气冷却—水冷—烘干—三次涂敷—三次烘烤—空气冷却（—复层—压花—印花）—水冷—吹干（—拉伸矫直）—张力辊—出口活套—张力辊—涂蜡（或覆膜）—卷取。

5.1.2 工艺流程的简要说明

为便于和其他薄带钢加工处理生产工艺进行比较，将彩色涂层钢板生产工艺流程和设备分作入口段、工艺段、出口段。

（1）入口段。原料板卷由上卷小车从原料间运至开卷机旁，通过液压式抬升装置将原料卷抬升、横向移动，然后由电力驱动开卷机悬臂式芯轴进入板卷。当开卷机棱锥进入板卷后，电力驱动其胀径，完成上卷。上卷后，带钢在压辊的帮助下，经过入口夹送辊进入入口支承台。后由夹送辊导入入口剪切机，由下切式剪切机在液压驱动上剪刃切下带钢的头部，使切后的头部的厚度、板形符合生产对基板的要求。切下的废料由料斗车运走。

切头后带钢进入缝合机（或焊接机），与切尾后的前一卷带钢对中、重叠，根据工艺要求缝合 1~3 道（使用焊机进行连接时，也是先进行对中，重叠或对齐后施焊）。与此同时，在接头前方的中部冲出一圆孔，一般其直径为 25~50mm，以便于后面工序利用光电装置进行识别，用于发出对中或抬辊的指令。

连接后的带钢进入预清洗槽，带钢经过刷洗、碱洗以除去带钢表面的油脂、泥垢等。在进入清洗槽之前，带钢经过对中装置时，由冲孔引发的指令使衬胶辊抬起，以避免划伤胶辊。带钢在碱洗槽经过刷洗、喷淋后经过一对挤干辊，挤掉表面上的碱液，这样既可以防止碱液的流失，还可以减少下一工序的负荷。经过挤干后的带钢进入热水冲洗槽，用热水冲洗，除去残液，再经过挤干，进入热风机吹干，再通过 S 形张力辊进入入口活套。活套中的带钢储量一般为 2~3min 的生产用量。带钢在通过入口活套后，经过张力辊和对中装置，进入工艺段。

（2）工艺段流程。工艺段由碱洗脱脂处理开始，带钢进入工艺段的碱洗脱脂处理之前，由于冲孔引发的指令使胶辊抬起，让过带钢接头，对带钢进行刷洗及喷淋，根据各个机组的速度，碱洗槽的长度不同，也有的重复设置几个碱洗槽，带钢在碱洗槽的出口处经过挤干辊，挤净碱液，进入水洗槽，经清水冲洗、挤干，进入表面处理槽。对于冷轧钢板，则进行磷化处理（对于镀锌板则进行活化处理或表面调整处理），经过表面处理的带钢再次经过水洗和挤干，然后进入铬化处理槽进行喷淋式处理（如果使用辊涂法进行铬化处理，则在水洗后吹干，进行辊涂），完成全部表面处理后的带钢，经过热风吹干后经过对中，进入辊涂机进行涂料的涂敷。

对于一般不要求两面进行双涂的产品，带钢在初次涂层时是涂敷正面的底漆，当带钢接头临近辊涂机时，带钢中部的冲孔引发指令，辊涂机在汽缸驱动下快速后退，在让过带钢接头后，又快速复位对带钢进行涂料涂敷。涂敷了涂料的带钢进入烘烤固化炉，这时带钢和它上面的涂层逐渐升温，在升温过程中涂膜中的溶剂逐渐挥发（使用塑料糊胶涂料时不同）直到升温至涂料中树脂进行交联反应所需的最低温度，并维持一定的时间。带钢在离开热风加热后进入空气冷却段开始降温同时继续前行进入水冷段，这时对带钢进行喷雾和喷淋降温，带钢开始与支撑辊接触，并进行挤水和吹干。这时经过一次涂敷和烘烤后的带钢返回第二架辊涂机，由正、背两面的涂料涂敷辊对带钢的两面同时进行涂敷，而后继续前进经烘烤、空气冷却、水冷、烘干，经张力辊进入出口活套。

在生产不同的产品时，工艺段的流程可能有所不同。

在生产三涂三烘的高档产品时，带钢在经过二涂二烘、水冷、烘干后又再次返回至第三台辊涂机，进行第三次涂料的涂敷和烘烤，然后继续下行直至进入出口活套。

当在设有压层薄膜设备的生产线上生产复层产品时，带钢经过表面处理以后，越过第一台辊涂机，至第二台辊涂机时，先在带钢表面上涂敷胶黏剂（如进行单面覆膜时，则在带钢背面涂背面漆），胶黏剂经过烘烤炉加热活化后，进入覆膜机，将薄膜压合，然后进入水冷槽降温。在吹干后经张力辊进入出口活套。

如果生产线上设有印花机时，可以用来进行印花的彩色涂层钢板生产。这时经过二次涂敷后并经过烘烤固化的带钢，在风冷后，能过印花机在表面印花，然后继续下行。

在设有压花机的机组上，可以对较厚涂层产品进行压花加工。经过烘烤的热塑性涂层，在经过有限的降温之后通过刻花的压花辊，进行压花并尽快进行冷却，以免压痕消退。

（3）出口段工艺。带钢在通过出口活套后，已基本完成彩色涂层钢板的生产过程。通过活套的带钢经过张力辊后，进行涂蜡（或覆保护膜）处理。如果涂蜡时使用的是水溶性的蜡液，在涂蜡后还要经过一次热风吹干，采用涂蜡或是复层可剥性保护膜则根据合同进行。最后带钢在边缘控制系统的调节下完成卷取，而后在出口剪切机处将带钢卷的接头切除，捆扎卸卷，由送卷小车运至包装台。

5.2　彩色涂层钢板生产线的设备及设置

以常用的二涂二烘（热风式加热）的机组为例进行说明。

5.2.1　入口段设备

入口段设备主要包括钢卷车、开卷机、入口穿带台、驱动式压缩辊、入口夹送辊、剪切机、缝合机（或焊接机）、去毛刺辊、预清洗用的刷洗槽循环泵及刷辊、喷嘴、管线、挤干辊、碱洗槽及循环泵喷嘴管线挤干辊、水洗槽及喷淋管线、挤干辊、热风吹干机、对中装置、张力辊和入口活套。

5.2.1.1　钢卷车

钢卷车主要作用是由吊车或叉车接收钢板卷，运送并装上开卷机。其运行速度和行程长短依机组要求而异，由电机驱动行走，液压驱动抬升，可以横向移动和升降运动。其最大承重能力及结构形式由机组主要设计参数决定。目前用于中小产量彩涂机组的运卷小车多为地面式结构，以背靠式（L形）和剪刀式（V形）为主（图5-1）。此类型小车结构简单、灵活，适用于承载20t以下的钢卷。至于一些高产量的彩涂机组，由于入口钢卷的质量常在20t以上，一般采用地坑式运卷设备，如地坑式液压运卷车等。

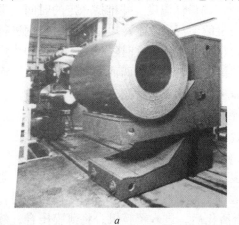

a　　　　　　　　　　　　　　　　　　　　*b*

图5-1　上卷小车的两种形式
a—L形；*b*—V形

5.2.1.2　开卷机

开卷机用于原料钢卷开卷，一般配备两台开卷机，交替开卷以确保机组连续稳定运行。彩涂机组通常使用单卷筒悬臂式开卷机，结构如图5-2所示。

单卷筒悬臂式开卷机的卷筒结构比较复杂，按卷筒装配中主要胀缩工作面的结构形式，主要有两种：

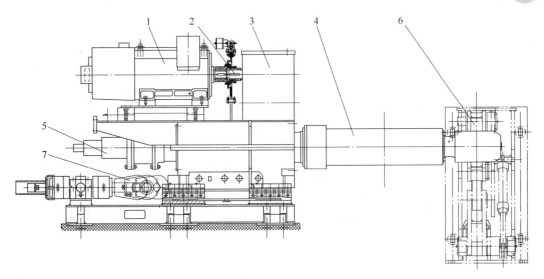

图 5-2 单卷筒悬臂式开卷机结构
1—传动电机；2—制动盘式联轴器；3—齿轮箱及浮动式底座；4—卷筒；
5—旋转胀缩液压缸；6—端部支撑装置；7—对中装置

（1）空心轴上带铜拉条形式的卷筒。空心轴上带铜拉条形式的卷筒的动作步序如下：拉杆 1 被液压缸驱动→在空心轴 2 内滑动→带动滑套 4 运动→滑套 4 与铜拉条 6 连接→铜拉条 6 在空心轴 2 上以倒 T 形滑道移动→铜拉条 6 以约 15°的斜面推动扇形板 5 沿径向运动，即完成胀缩过程。空心轴上带铜拉条形式的卷筒结构如图 5-3 所示。

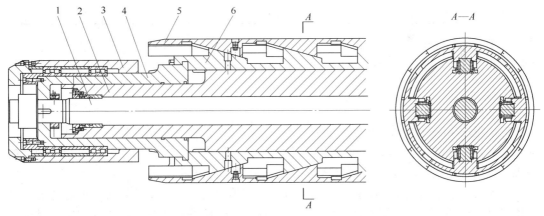

图 5-3 空心轴上带铜拉条形式的卷筒结构
1—拉杆；2—空心轴；3—端部支撑轴承座；4—滑套；5—扇形板；6—铜拉条

（2）带四棱锥套的卷筒。带四棱锥套的卷筒的动作步序如下：拉杆 4 被液压缸驱动→在空心轴 5 内滑动→带动滑套 3 运动→滑套 3 与四棱锥套 1 连接→四棱锥套 1 以约 14.5°的斜面推动扇形板 2 沿径向运动，即完成胀缩过程。带四棱锥套的卷筒结构如图 5-4 所示。

为保证开卷机正常工作，卷筒缩小时能顺利上卷，卷筒胀开时与钢卷内圈无相对滑动，卷筒必须具有大的胀缩范围，根据钢卷内径的不同，通常对应的卷筒正圆直径及胀缩范围不同，见表 5-1。

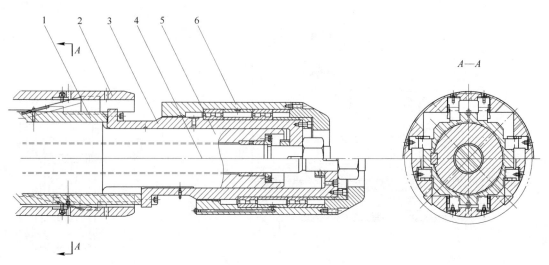

图 5-4　带四棱锥套的卷筒结构
1—四棱锥套；2—扇形板；3—滑套；4—拉杆；5—空心轴；6—端部支撑轴承座

表 5-1　卷筒直径与钢卷内径关系　　　　　　　　　　　　　　　（mm）

钢卷内径	卷筒正圆直径	卷筒胀缩范围
450	450	420~480
508	508	450~520
610	610	580~640

对于生产不同钢卷内径的机组，为了解决胀缩范围，通常在卷筒外面安装增径板或者橡胶套筒，即可满足不同内径的切换，同时对钢卷内圈进行了保护，避免产生钢板表面擦伤缺陷。

5.2.1.3　夹送辊

夹送辊用来将开卷机打开后的带头送入剪切机。夹送辊装置可以是上辊传动、下辊传动和上下辊传动，目前许多机组采用上辊传动、下辊固定的形式（图5-5）。下辊为固定被动辊，可用手动调整高度达到钢带运行线，上辊为可摆动的传动辊，由交流变频电机传动，上辊摆动框架由气动系统驱动，可进行压下和抬起动作。穿带开始时，夹送辊处于打开位置以接收带头，当带钢通过导板台，安装在夹送辊后的光电开关检测到带钢穿过夹送辊时，夹送辊闭合。闭合的夹送辊在穿带过程中向前输送带钢头部，提供带钢向前的动力，防止产生堆钢。

5.2.1.4　切头剪

切头剪的作用是切除形状、尺寸不规整的带头、带尾，或不合格的带钢段。切头剪分为单切剪和双切剪。在双开卷机组的上下两个开卷通道，分别设置一台切头剪，两台切头剪相互独立，称为单切剪。单切剪由剪切框架、上剪刃刀架、下剪刃刀架、剪切机构、液压系统组成，通常将下剪刃刀架固定，上剪刃刀架通过液压系统驱动剪切机构，向下进行剪切。单切剪一般用在独立的机组或单机的剪切中。常见的单切剪结构如图5-6所示。

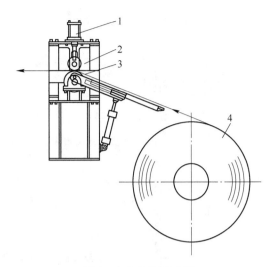

图 5-5　夹送辊示意图

1—汽缸；2—上夹送辊；3—下夹送辊和摆动台；4—钢卷

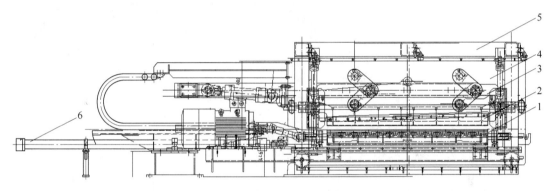

图 5-6　常见的单切剪结构

1—下剪刃刀架；2—上剪刃刀架；3—剪切机构；4—框架；

5—夹送辊框架；6—框架移动液压缸

双切剪是将上下通道的两个切头剪设计在同一个框架上，由两个上刀架、两个下刀架、两套剪切机构、一个剪切框架组成，两个切头剪的剪切动作由液压系统分别驱动剪切机构进行，互不影响。常见的双切剪结构如图 5-7 所示。切头剪的剪切能力，包括剪切板材厚度、宽度、强度，根据机组设计的生产基板情况选定。

5.2.1.5　带钢的连接设备

在彩色涂层钢板生产线上，一卷卷带钢要连接起来，从而保证作业线的连续性。带钢连接的方法有两种，一种是采用缝合机，将钢板前卷在上、后卷在下进行叠合，然后用冲模一次冲压出一排孔，根据孔的形状压平铆接或拉伸靠张力连接。钢板厚度低于 0.8mm 时，采用冲出两排冲孔缝合的方式。在缝合的同时冲出接缝检测孔，用于跟踪带钢接缝的位置。缝合接头如图 5-8 所示。

采用缝合机进行缝合的道次一般为 2~3 道次，其具体情况取决于带钢的厚度、前后带卷的厚度差、带钢承受的最大张力、带钢的材质，如带钢的厚度在 1mm 或以上时，缝

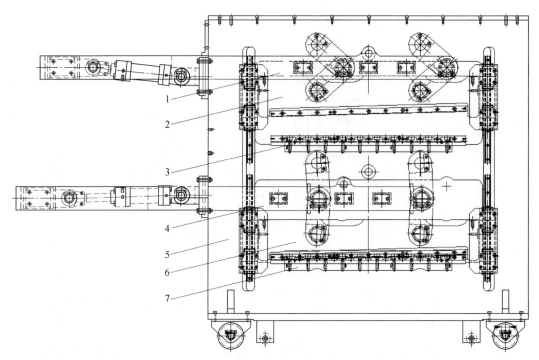

图 5-7   常见的双切剪结构

1—剪切机构 1；2—上刀架 1；3—下刀架 1；4—剪切机构 2；

5—框架；6—上刀架 2；7—下刀架 2

合 1 道次，小于 1mm 时缝合至少 2 道次。带钢缝合后，缝合接头厚度一般相当于基板厚度的 3～4 倍。

    使用缝合机时要求前后带钢的厚度差在 10% 左右，即使前后带钢的厚度比达到 1∶2，这对于缝合机来讲，仍能进行缝合，但是对于使用悬垂式烘烤固化炉对涂层进行加热的生产线来讲，带钢在炉内悬垂调节则造成了困难。采用缝合机进行缝合连接比采用焊接机进行连接节省投资，而且缝合连接的速度较快。

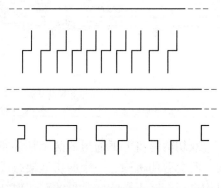

图 5-8   缝合接头示意图

    但是，采用缝合机进行连接也有一些缺点。由于接头部位厚度为板厚的 3～4 倍，在通过表面预处理槽时，将对包橡胶的挤干辊造成损伤，如抬辊则将使部分处理液随带钢进入下一个处理槽中，造成对处理液的化学污染。机组的速度越大，由于抬辊时通过的带钢越长，所产生的这种影响也就越大。

    当带钢接头通过辊涂机时，为了避免划伤涂层胶辊，必须停止涂敷。在接头到达辊涂机之前就将胶辊抬起，等到接头通过辊涂机之后，辊涂机的涂层胶辊再恢复到正常的工作状态。由于接头有一定的厚度，涂层机胶辊的进退需要一定的时间，所以带钢的接头前后形成一个没有涂层的空白段。这一段带钢最终将被作为废品切除。当机组生产速度越高时，这一段带钢就越长，有的可达 20～30m。

另一种连接方法是使用焊机连接，常用的是窄搭接电阻焊机和激光焊机。

窄搭接焊机利用电阻发热原理，施焊时将板头、板尾切掉、切齐，清除掉镀层或残存的涂层，将带钢的两端搭接重叠在一起，在重叠区域通过电流，利用带钢重叠区的电阻发热，使得重叠区的金属熔化，从而焊接成一体。同时也在焊缝前进行冲孔，其目的与缝合时的冲孔相同。窄搭接焊机结构如图 5-9 所示。

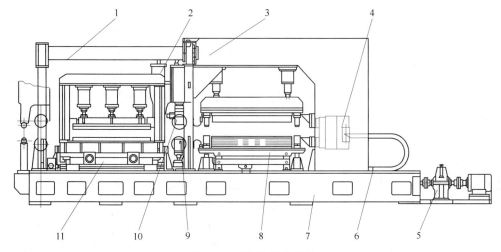

图 5-9　窄搭接焊机结构

1—导向架；2—上滚压装置；3—焊接车架；4—焊接变压器；5—传动系统；
6—风动系统；7—机座；8—液压剪；9—下焊轮；10—上焊轮；11—下滚压装置

窄搭接焊主要有四种形式：

（1）搭接滚缝焊是最简单的一种焊接形式。焊接时，无型压和挤压过程，只有焊轮滚焊过程。这种焊接的特点是：焊接时间较短，但是焊缝非常粗糙，而且焊缝台阶很高，一般焊缝比原板增厚60%左右。目前在彩涂作业线中已不采用这种焊接方法。

（2）搭接挤压焊。这种焊接在焊机焊接时，首先在焊轮不带电的情况下，通过一次型压，然后在焊轮返回时进行焊接。此方法能获得较光滑的焊缝，而且接头台阶一般只比原板增厚20%，焊缝还能得到良好的抗拉强度。目前有不少机组仍在使用。

（3）预搭接挤压焊采用搭接焊的方法，而焊缝的厚度却达到了对焊的水平，并且所获得的焊缝还具有光滑、平坦、焊接强度高等优点，带钢通过表面处理槽和辊涂机时，可以不用抬起辊子，这样减少了涂层空白的带钢，从而提高了成材率。所以新投产的高效率带钢彩涂机组都应用了这种新型焊机。

（4）带有回火装置的焊接装置。这是因为搭接电阻焊所产生的热应力较大，会造成焊缝区的强度、硬度提高，塑性、韧性降低。这种类型的焊缝通过连续作业线时，往往会造成较高的断带率。焊缝经过回火处理之后，就可消除焊缝区的残余内应力，细化晶粒，防止焊缝开裂，从而可降低断带率。

激光焊机利用激光加热原理，将带钢的两端对接熔融焊接在一起，带钢的带头与带尾对接而不搭接。与电阻搭接焊机对比，对带头、带尾的处理过程相同，也有相应的处理设备。

使用焊机也有不足之处，如使用焊机的投资比较高。这一方面是因焊机本身就比缝合机贵得多，另一方面是由于焊接过程所需的操作时间比进行缝合操作用的时间长。为了连续生产，必须增加活套的储量，这样就增加了建立活套设备的投资。

综上所述，使用缝合机或是使用焊接机进行带钢的连接各有利弊。具体选用哪一种形式，要结合机组的具体情况，对一次投资情况和长期经济利益进行综合考虑。一般来讲，对于大型化的生产速度高的机组，为了发挥机组高速高产的优势，减少因设备维修、部件更换占用生产时间、提高成材率，选用焊接方式进行带钢的连接具有较好的经济效果。

5.2.1.6　压毛刺辊

压毛刺辊是用来压平缝合处的毛刺的，保证缝合缝平整光滑，减少对下游生产线上辊面损伤。辊子的开关自动控制。它是由一个具有导向作用的支撑辊及一个专门设计的压辊组成的，压辊通过两个汽缸压下至支撑辊上。支撑辊是固定的，压辊由液压系统加压，两辊轴承之间设有弹簧，压辊处于一种可浮动的状态，以适应不同板厚的原板或在有缺陷的状态下能自由地调节缝隙。钢辊的直径一般在 100～150mm，硬度在 60HRC 以上。

5.2.1.7　张力辊

现代化钢带连续彩涂机组为使高速运行的钢带对中而不跑偏，以及满足特殊工艺设备（如炉子、光整机、拉矫机、卷取机等）对钢带张力的不同要求，在机组的各段对钢带进行张力控制，使钢带在机组的不同段在不同的张力下运行。

彩涂生产线设定并保持合适带钢张力的目的是为了保障带钢对中、不下垂、确保平稳运行。在张力的作用下带钢对纠偏辊形成一定的压力，从而提供纠偏辊纠正带钢位置时的摩擦力，保证了带钢运行时对中不走偏。另外，张力的设定在一定程度上可以校正板形的缺陷，同时只有设定合适的张力才可以得到均匀的涂层。所以，彩涂生产线带钢张力设定的合适与否直接影响生产线能否正常运行以及最终涂层的质量。

彩涂生产线带钢张力是通过开卷机、活套机构、张力辊、卷取机来实现的，典型形成张力的设备是张力辊，目前彩涂线生产线的张力辊大多是两辊 S 形的，张力辊的布置形式如图 5-10 所示，一般情况下在入口辊上带有压辊，有的在出、入口辊子上均带有压辊，以便在启停机或穿带时压紧带钢。

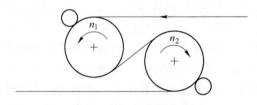

图 5-10　张力辊布置示意图

由于在生产线中的位置和功能不同彩涂生产线各段张力的设定只有很大区别，入口段张力的设定对于全线各段来讲是比较容易的，带钢有一定的张力，运行时稳定、不下垂即可。入口活套段因活套内辊子数量较多，带钢经过多次折返运行易跑偏，这部分带钢张力如设置不合理，会影响 CPC 的纠偏效果，引起带钢在活套内跑偏，因此不仅在活套安装时要特别注意辊子的安装精度，在设置张力时还应考虑到活套内带钢的宽度、厚度不同引起的自身重量变化。预处理段由于带钢表面是湿润的，减小了带钢与辊子之间的摩擦力易使带钢跑偏，所以在这一部分带钢也要设置较大的张力。初、精涂段的张力值通常是生产线中最高的，一是为了使带钢稳定运行保证涂敷质量，二是使带钢在初、精涂炉内保持适当的垂度。出口活套段张力的设定与入口活套段相同。但有时考虑到由涂机段全线最高的张力值降到规定的活套张力值张力落差太大，可适当上调出口活套的张力。带钢卷取张力的设定有严格的规定，卷取张力过小、过大都会引起卷取缺陷。

钢带的张力是根据钢带单位截面所允许承受的拉力（张力系数）及钢带规格由下式计算确定：

$$F = bD_f\alpha$$

式中　F——钢带张力，N；

　　　b——钢带宽度，mm；

　　　α——张力系数，N/mm^2；

　　　D_f——钢带厚度，mm。

对于大部分彩涂生产线带钢的张力系数选取情况见表 5-2，生产线调试时可按表 5-2的取值范围选取张力系数，算出带钢的张力作为初设置值，随着生产线调试逐渐摸索出各规格带钢合适的张力数值，根据这些数值对以上公式进行修正，反算出张力系数，输入自动控制系统，即可在正常的生产中自动执行对带钢张力的控制。

表 5-2　彩涂生产线张力系数选取范围　　　　　　　　　　　　（N/mm^2）

项目	入口段	入口活套	清洗段	初涂段	精涂段	出口活套	出口段
张力系数	8.5~10	10~12	15~25	约30	约30	13~20	约25

5.2.1.8　预清洗设备

预清洗是设在入口活套前的碱液脱脂处理。对于含油量较高的基板如冷轧板，一般在活套前设置预清洗，以除去大部分油污（一般能除去 80%~90%的油污）。预清洗的主要目的是为了防止基板表面的油污污染入口活套。

预清洗段的设备包括碱液刷洗槽、水清洗槽以及配备的循环泵、喷淋管路、挤干辊和加热系统。

清洗处理有浸渍式和喷淋式两种处理方法，现在使用的以喷淋式为主。喷嘴的设置则根据带钢在处理槽中的走向而定，若带钢是水平走向时，喷嘴设在带钢的上下方；若带钢在槽内走向是上下的，则喷嘴设置在带钢的两侧。

清洗槽的结构有多种，如钢结构加衬玻璃钢槽体、玻璃钢槽体、不锈钢槽。槽体的长度和槽子的个数根据生产线的速度设定，以保证一定的处理时间。槽子的出口和入口处都设有上下配置并包衬橡胶的一对挤干辊，其直径一般在 200mm 左右，用来防止处理液的外流。这可以减少处理液的损失并防止上一槽的溶液进入下一槽中而改变后一槽中的成分或溶液浓度，从而影响其处理效果。

5.2.1.9　活套

彩涂机组的入口段及出口段均要设置活套装置，它的主要功能就是储存钢带。

入口活套用于保证在上卷、剪切、缝合等工序停机时，仍然可以连续提供钢带，使机组连续运行。因此，在机组正常运行时，入口活套在正常生产时处于满套位置。由于各个机组的运行速度、换卷、剪切、缝合时间的不同，所以设计活套的钢带储量也不同，一般入口活套设计在作业线全速运行时可供 2~3min 的带材。

出口活套布置在后处理段和出口段之间，出口活套一般可储存工艺段最高速度时运行 1.5min 的带钢总量，用于在出口段减速或者事故停机、出口段进行带钢质量检查、焊缝定位、带钢剪切、卷取机卸卷等各种操作停机时，保持工艺段的连续运行。出口活套在机组正常运行时处于空套位置。

活套按结构类型主要有卧式活套和立式活套两种形式。前者钢带运行呈水平方向，后者钢带运行呈垂直方向。

卧式活套的特点在于结构相对简单，不需要高大的厂房，但长度较长，一般配合卧式炉使用。

相比卧式活套立式活套具有占地空间小、带钢存储量大、带钢在活套下不易跑偏、带钢表面划伤概率低等优点，目前各彩色涂层钢板生产机组多采用立式活套。立式活套由钢结构、轨道、活套顶部定滑轮组、活套车、动滑轮组、转向辊组、卷扬、传动装置、配重装置、平衡装置、张力过载保护装置、索具、吊具等组成。

在立式活套钢结构的顶部安装有定滑轮组，它与活套车上的动滑轮组相配对，一对撵向相反的钢丝绳一端固定在操作侧的平衡杆上，依次穿过顶部的各个定滑轮和活套车上的动滑轮，再缠绕固定在传动侧的卷扬机卷筒上，卷筒一般由变速电动机传动。常见的立式双塔活套示意图如图 5-11 所示。

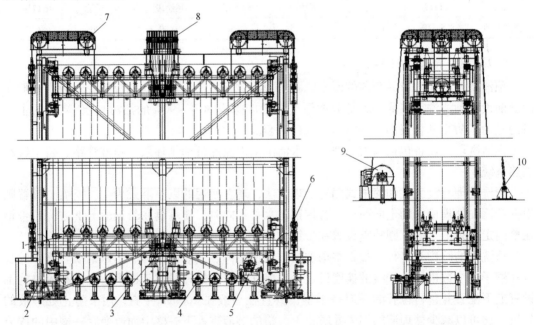

图 5-11　立式双塔活套布置图

1—活套车；2—活套钢结构及轨道；3—动滑轮组；4—转向辊组；5—张力过载保护装置；
6—配重装置；7—配重滑轮组；8—定滑轮组；9—卷扬及传动装置；10—平衡装置

5.2.2　工艺段设备设置

工艺段的设备是根据表面脱脂、表面化学处理（化成处理）、表面调质处理、铬化处理、涂料涂敷、涂膜烘烤固化以及涂层后的处理如压花、印花、覆膜等工艺而相应设立的。

5.2.2.1 刷洗设备

生产彩色涂层钢板用的基板，可能是冷轧钢板，也可能是镀锌钢板，其表面涂有防锈油脂或有残存的轧制润滑油及油垢，甚至也可能是经过了钝化的。因此清洗比较困难。

为了强化清洗脱脂的效果，在清洗的同时加入机械去脂作用，在带钢的两面对钢带进行刷洗，即一面利用刷辊对带钢表面进行磨刷，另一面利用化学脱脂作用对带钢表面进行脱脂。

刷洗槽的槽体是密封的，槽内一般布置四组喷刷辊，设备布置如图5-12所示。

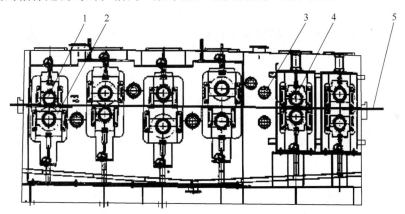

图 5-12　碱刷洗设备布置示意图
1—支撑辊；2—毛刷辊；3—喷碱管；4—挤干辊；5—带钢

每组刷辊由一根布满特制尼龙刷毛的毛刷辊和一根镀铬辊或胶辊组成，镀铬辊主要是保证在刷洗过程中起支撑带钢作用，刷辊刷洗方向与带钢运行方向相反，镀铬辊运行方向与带钢方向相同，刷辊由交流恒速电机驱动，胶辊由交流变频电机驱动，镀铬辊运行速度与带钢运行速度一致。每根刷辊各配有一组喷嘴沿刷辊运行方向向带钢与刷辊的切线处喷射脱脂液，保证刷辊在充满脱脂液的环境中对带钢进行脱脂，同时，防止刷辊干刷烧坏刷毛。刷辊升降由一个气动马达驱动两台升降机实现。挤干辊升降由一个交流恒速电机驱动两台升降机实现。

每组刷辊的挤干辊和刷辊均构成独立的辊系，安装在槽内滑辊车上，换辊时，辊系可以在滑轨上沿机组垂直方向推进拉出。

刷洗完成后，有一组喷嘴将脱脂液垂直喷向带钢表面，冲走带钢表面附着的油污。在刷洗段出口布置有两组挤干辊，每组挤干辊由两根胶辊组成，挤干辊运行方向与带钢方向相同，挤干辊由交流变频电机驱动，挤干辊运行速度与带钢运行速度一致。挤干辊下辊升降由一个一个交流恒速电机驱动两台升降机实现。挤干辊上辊抬落由两台汽缸完成，每组挤干辊的两根胶辊均自成独立辊系，可以实现由换辊小车快速换辊。正常使用时两组挤干辊一组使用，另外一组备用，保证在线换辊同时不影响机组正常工作。

经过磨刷处理后的钢板脱脂效果将显著提高，特别是对于有油垢、锈蚀或有了钝化膜的镀锌板，效果更为明显。

5.2.2.2　脱脂处理设备

彩色涂层钢板的涂层要起到良好的防腐蚀作用和装饰作用，并具备良好的加工性能，必须对基板有良好的附着力，因此要对基板表面进行处理，首要是得到一个洁净的表面。为此，需要配置碱洗脱脂工艺和相应的设备。如有的使用电解清洗的方法，大部分的生产线都采用喷淋式碱液脱脂。

喷射式脱脂分为立式槽和卧式槽两种，选择时主要考虑机组长度等因素。带钢水平进入槽内，经入口转向辊90°向下进入喷射区进行喷射，到达底部后经沉浸辊180°向上再次进行喷射脱脂，最后经出口转向辊90°转向水平送入下工序，而卧式槽时带钢一直水平前进穿过脱脂液喷射区。立式喷射脱脂槽结构见图5-13，卧式喷射脱脂槽结构见图5-14。

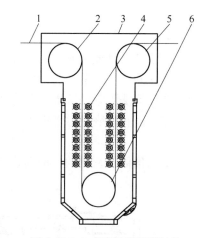

图 5-13　立式喷射脱脂槽结构
1—带钢；2—入口转向辊；3—槽体；
4—喷嘴及喷管；5—出口转向辊；6—浸渍辊

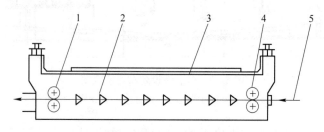

图 5-14　卧式喷射脱脂槽结构
1—挤干辊；2—喷嘴及喷管；3—槽体；
4—密封辊；5—带钢

在带钢两侧布置数排喷嘴逆着带钢成15°把压力为0.3MPa的脱脂液喷射到带钢表面，使碱组分充分和油污接触发生皂化反应，从而大大提高除油效率。

碱溶液由循环泵从循环罐将液体抽出注入槽体喷射管，由于喷嘴口径的限制，根据流体不同秒流量相同的原则，碱液在喷嘴处高速流出，形成了一股高速高压的流体冲刷在带钢表面对带钢进行脱脂，残留在带钢表面的溶液被出口挤干辊挤压回流至循环罐，形成一个循环过程，在管路上配有相应的加热、过滤设备对碱溶液进行加温和再生处理。

带钢在经过碱洗处理之后，在下一步处理之前要经过水洗槽进行清洗，以除去表面的碱液。水洗槽包括水喷淋管路、入口挤净辊和出口挤净辊。各化学溶液处理槽之间的水洗槽都是相同的。

5.2.2.3　表面处理槽

带钢在经过水洗之后，立即进行表面处理。例如，使用冷轧钢板时进行磷化处理，使用镀锌基板时进行表面活化、调质处理。由于使用的原板不同，所使用的化学处理溶液也不同。虽然化学溶液的成分有所不同，但是处理槽的结构基本一样，都是喷淋式处理，由于溶液多为酸性，所以要使用耐酸的材料。使用不锈钢结构和管线、器材时，除了要考虑材料的耐酸性之外，还要考虑材料焊接处的耐蚀性能是否合乎要求。槽子的结构与其他喷淋槽基本相同。

5.2.2.4 带钢铬化处理设备

带钢在进行表面处理之后，还要进行铬化处理，是为了提高彩色涂层钢板的耐蚀性能。处理的方法有两种：一种是喷淋式的处理方法，另一种是辊涂式方法。

采用第一种方式进行铬化处理时，所用的设备主要包括两个储备槽、两台耐酸泵、四根喷射管、一个回收槽、两对橡胶挤干辊和一套热风烘干机，其布置如图5-15所示。

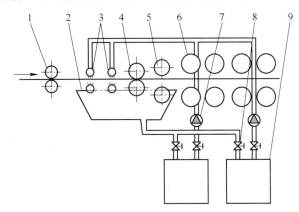

图 5-15　铬酸钝化喷涂式布置示意图

1—进料辊；2—接料盘；3—喷射管；4—挤压胶辊；5—备用挤压胶辊；
6—热风干燥风管；7—循环泵；8—阀门；9—循环罐

第二种处理方式使用辊涂机将专用铬化处理液涂于带钢表面。铬化辊涂机如图5-16所示。这种处理方式更有利于环保和节约材料。

在进行铬化处理后需要在辊涂后进行烘干，因而需要设置一个热风烘干机。用热风将带钢吹干后进行下一步的工艺加工。热风是由蒸汽加热或由废气焚烧炉生产的热风加热的热交换器供给的，温度在90℃左右。

表面清洗和脱脂处理、表面处理的槽液，都是通过循环泵，经过生产线外加热的，循环系统如图5-17所示。

5.2.2.5 辊涂机

辊涂机是彩色涂层钢板生产线上的主要设备。带钢在完成表面清洗和表面处理后，由辊涂机来实现对带钢的涂料涂敷。

它主要由涂敷机构和转向支撑机构组成，如图5-18所示。

A 涂敷机构

涂敷机构也称涂敷头，由汲料辊、涂敷辊和涂料盘构成。这种构成方式通常称为二辊式。汲料辊的作用是从涂料盘内汲取涂料，并将涂料转移给涂敷辊，涂敷辊是将涂料涂敷在卷材的表面。每个转辊都附设有调节装置，可以调节转辊之间的间隙与压力，以便获得所要求的涂布量。当停机和卷材接缝通过时，正面的涂敷辊可通过调节装置自动与卷材脱离接触，保护涂敷辊不受损坏。

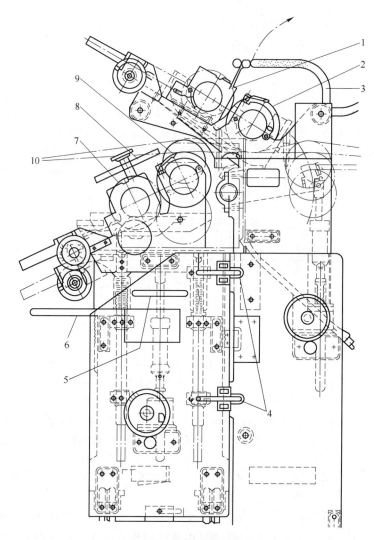

图 5-16 铬化辊涂机示意图

1—不锈钢辊；2—衬胶辊；3—保险杆；4，7—胶辊；5—手动锁定装置；

6—导杆；8—调节轮；9—不锈辊；10—带钢

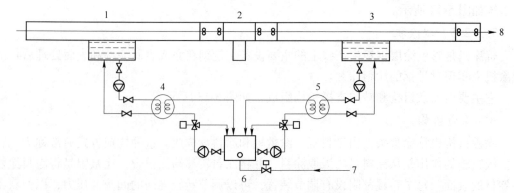

图 5-17 处理液循环系统示意图

1，3—化学处理槽；2—水洗槽；4，5—热交换器；6—温水槽；7—蒸汽；8—带钢

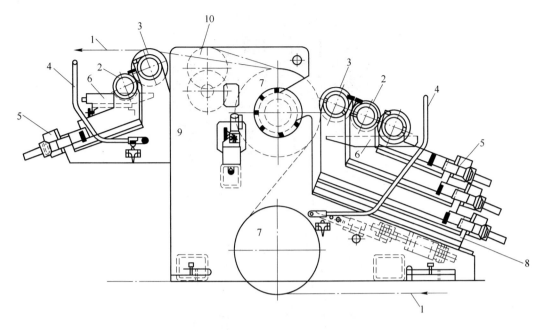

图 5-18　辊涂机示意图

1—带钢；2—不锈钢辊；3—衬胶辊；4—保险杆；5—步进器；
6—涂料盘；7—转向辊；8—滑动座；9—机架；10—支撑辊

三辊式涂敷头与二辊式的区别是增加了一个调节辊，调整调节辊与汲料辊之间的间隙，可以调整湿膜厚度。

生产速度较高的辊涂机常设置两个涂敷头，目的是为了快速更换涂料和涂敷辊。

B　转向、支撑机构

转向、支撑机构由转向辊、支撑辊和顶托辊构造。转向辊将卷材经180°转向，使卷材输入支撑辊呈合适的角度；支撑辊是在涂敷时，支撑卷材接受正面涂敷；顶托辊是对支撑辊与背面涂敷头之间卷材起顶托作用，通过调节机构调整顶托距离，可以调整卷材背面的涂布量，当停机和卷材接缝通过时，借助自动调节装置，将卷材顶离背面涂敷辊，保护涂敷辊不受损坏。

涂层机组的支撑辊是被动的，只是用来支撑带钢，它要具有一定的硬度，表面平整光滑。其他辊子即汲料辊、调节辊和涂敷辊都是单独传动的，由固定在辊涂机一端的电机驱动。辊涂机传动示意图如图5-19所示。

除了涂敷辊是包覆聚氨酯橡胶的钢辊之外，汲料辊和调节辊都是镀铬的钢辊。三根辊子都安装在滑道的支架上，由压缩空气的汽缸驱动，可快速进退。当带钢的接头接近时，光电探测器在冲孔到达的瞬间发出指令，涂层头快速后退约100mm，停止涂料的涂敷，让过带钢接头。当带钢接头通过之后，又快速推进，回复原位继续涂敷作业。

辊涂机的供液系统一般由气动泵气动搅拌器溶液储存器循环管道和液盘等组成。为保证连续涂层的生产，供液系统应根据生产线的速度预先调整好供液量和回流量。图5-20所示为两种供液系统示意图。

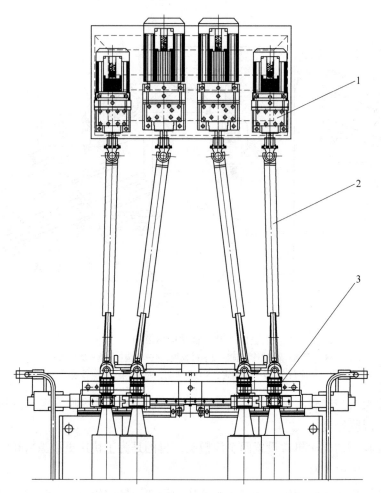

图 5-19　辊涂机传动示意图

1—电机；2—万向联轴器；3—涂辊连接法兰

　　辊涂机是涂层钢板生产线上的关键设备，各厂使用的设备结构原理相近但是又各有特点。

5.2.2.6　涂膜的烘烤加热固化装置

　　在彩涂板生产过程中，固化是关键工序，涂料涂敷到钢板上后，需加热使湿涂层中的溶剂得以挥发，同时使有机物在催化剂的作用下发生聚合或交联反应。固化不但使涂层牢固地和带钢黏结在一起，还使其具有一定的力学性能和物理性能，因此固化工艺参数的控制直接影响到彩涂板的产品性能。

　　在辊涂机涂敷带钢后。引发涂料交联反应固化成膜的方法有多种，主要可以分为两大类：一类是光电固化，如电子束、紫外线光照射；另一类是加热固化，如热风、红外线、电磁感应等加热方式，将在 7.2 节中详细说明。

5.2.2.7　带钢对中纠偏装置

　　纠偏控制是为了使高速运行的钢带中心与机组的中心线相重合，以保证钢带的正常运

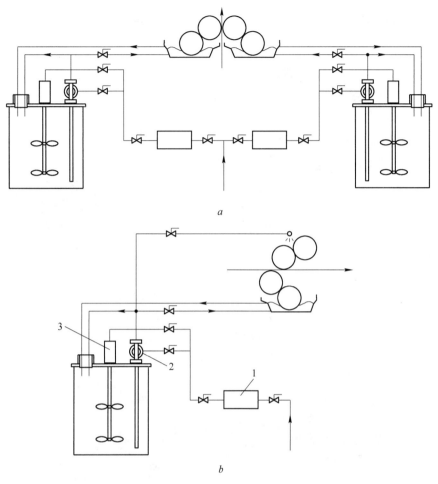

图 5-20　辊涂机供液系统
1—气动三联件；2—气动泵；3—气动搅拌器

行，最终获得质量良好的产品。原料钢带的形状和尺寸的误差、辊面状况、辊子轴承的磨损及设备安装误差等因素，均能引起钢带宽度方向的张力不均，从而使钢带在运行过程中发生横向跑偏现象。因此，在机组上要设置许多纠偏装置对钢带随时纠偏。

纠偏装置包括纠偏辊、回转框架和液压缸三部分。其中纠偏辊和回转框架的转动由液压缸的传动机构支配。纠偏框架一端与底座通过绞轴相连，框架底部安装行走轮，行走轮被限定在底座的方框型滑道内移动，当纠偏液压缸动作时，纠偏框架绕着绞轴做摆动。纠偏辊及其轴承座安装在摆动框架上，纠偏辊随着框架摆动，即实现纠偏动作过程。

纠偏辊分为双辊式和单辊式，其组成分别如图 5-21 和图 5-22 所示。

为了使带钢能准确地送入机组中心线，应在开卷机上设置纠偏控制设备，因为来料钢卷可能不整齐，有错层或塔形，或者在上卷过程中带卷没有对准机组中心线。出现上述情况都需要在上卷过程中进行纠偏。

开卷机的纠偏系统的检测采用对中控制型纠偏系统，即对中系统，简称 CPC（Center-position control），如图 5-23 所示。两组检测光头对称于机组中心线设置，通过一根正反扣

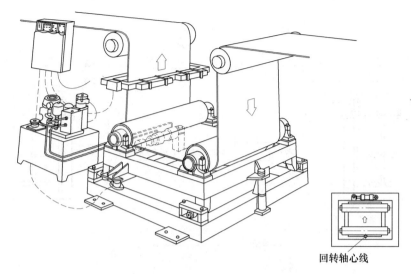

回转轴心线

图 5-21　双辊纠偏系统组成示意图

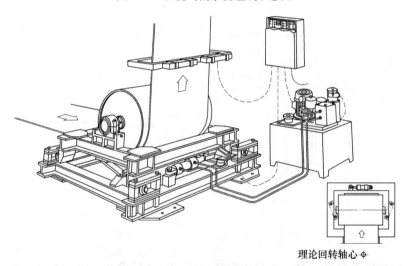

理论回转轴心

图 5-22　单辊纠偏系统组成示意图

螺杆，由一台步进电机带动做反向运动，即同步向内或向外运动。当带材开始穿带进入机组后，光头向内移动，当其中一个光头检测到带边时，说明带材已偏向了此方向，同时发出信号，移动开卷机带动带材移动，直到两边光头都检测到带材，两边输出相等时，光头停止移动，开卷机停止移动，带材已处于中心位置。这种方式的优点是上卷操作时不需要考虑带卷宽度，系统可以做到自动对中心。

卷取时是控制带钢的边缘，以保证钢卷边部整齐，所以使用的是带钢边缘位置控制系统，简称 EPC（edge positinon control）控制系统。在机组的两台卷取机前面，均设置边缘检测器，为了达到卷齐都是采用一组光头检测边部。检测光头的设置位置，可以在卷取机上伸出一个臂来安装光头，光头随卷取机一起移动（图 5-24）；也可以在机组出口偏导辊附近单独地设置一个光头座。一组丝杆通过一个步进电机带动光头，或者移动整个光头支座，在移动座上带有位置传感器。

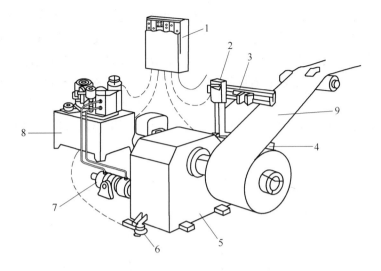

图 5-23 开卷纠偏装置

1—电控柜；2—位置控制检测器；3—C 型架；4—发送光源；5—开卷机；
6—中心位置检测器；7—移动液压缸；8—液压站/伺服阀；9—带材

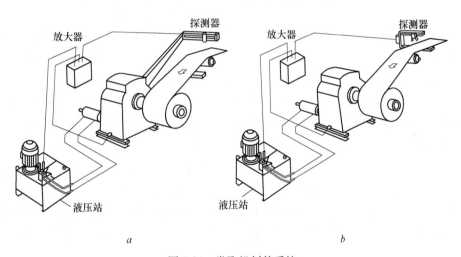

图 5-24 卷取机纠偏系统

这两种方式的工作过程是这样的：当带材送进到卷筒轴上并咬住头之后，检测光头送进，直到检测到带卷边部遮住一半光源为止，同时自动投入闭环控制系统。当带边位置发生变化时，检测光头继续跟随，并随时将偏移值输入控制系统，使卷取机纠偏移动油缸也同方向移动相同距离，最后达到卷齐的目的。

5.2.2.8 彩色涂层钢板生产中的平整和矫直设备

带钢在加工生产过程中，由于机械传动、加热不均匀等原因，会引起带钢板形的变化。一般情况下，当带钢边部延伸比中部大时，就会产生"浪边"，反之则会产生"瓢曲"缺陷。因此，为消除这些缺陷，必须进行矫直与矫平。最经典的方法是多辊反复弯曲矫直法，其中应用最广泛的设备是 19 辊、21 辊以及 23 辊反复弯曲矫直机。薄板通过这种矫直机后，本身并不产生延伸，只是把大浪化为小浪，使板面近乎平直。而对于板厚小于0.8mm的板材，用这种方法很难达到矫直作用。近几年发展起来的拉伸弯曲矫直机，可使薄板同时产生纵向和横向变形，从而充分改善了薄板的平直度和材料性能，还能改善带钢的力学性能。概括来讲就是通过弯曲拉伸弯曲矫直后可使带钢获得良好的板形，消除板面的浪边、瓢曲以及轻度的镰刀弯，有利于改善材料的各向异性，能够消除屈服平台，提高加工性能从而在进行冲压加工时减少冲废率，阻止滑移线的形成（图5-25）。

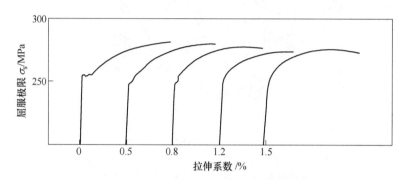

图5-25　钢板在拉伸弯曲矫直时屈服平台与拉伸系数的关系

拉伸弯曲矫直机由两个张力辊组一个弯曲和矫直机架构成。弯曲矫直机架设在两个张力辊组的中间，它由一套弯曲辊和一套矫直辊组成。弯曲辊处于支撑辊上部，按带钢厚度不同，此支撑辊直径可以不同。通常在拉伸机架中均设有两套不同直径的弯曲辊。带钢厚度小于1.0mm采用图5-26中的a组直径为25mm的弯曲辊，带钢厚度大于1.0mm的采用b组直径为60mm的弯曲辊。上部弯曲辊及其支撑辊固定于机架上，下部弯曲辊可上下移动，用以调节压上高度。

用于生产彩色涂层钢板的基板，不论是镀锌板还是冷轧钢板，都应该是经过平整的。但是，在生产彩色涂层钢板的过程中，带钢在张力下，经过多种工艺处理和多次烘烤，仍会产生新的变形。这种变形将会对彩色涂层钢板的进一步加工和使用时的性能带来不利的影响。所以，一般彩色涂层钢板生产线上，在钢板进行卷取之前，插入平整矫直工序。

5.2.3　出口段设备

彩色涂层钢板生产线出口段设备，主要包括出口活套、张力辊、剪切机、卷取机和钢卷小车。

5.2.3.1　出口活套

出口活套的结构与入口活套一样，出口活套布置在后处理段和出口段之间，出口活套一般可储存工艺段最高速度时运行1.5min的带钢总量，用于在出口段减速或者事故停机、出口段进行带钢质量检查、焊缝进圆盘剪定位、出口飞剪进行带钢剪切、卷取机卸卷等各种操作停机时，保持工艺段的连续运行。因此，出口活套在机组正常运行时，也必须处于空套位置。

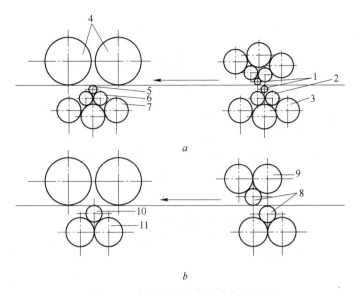

图 5-26　弯曲辊和矫直辊分布示意图

a—带钢厚度小于 1.0mm；*b*—带钢厚度大于 1.0mm

1—弯曲辊径 25mm；2—弯曲支撑辊径 40mm；3—弯曲支撑辊径 75mm；4—上矫直辊径 200mm；
5—矫直工作辊径 25mm；6—矫直支撑辊径 40mm；7—矫直支撑辊径 75mm；8—弯曲辊径 60mm；
9—弯曲支撑辊径 110mm；10—矫直工作辊径 60mm；11—矫直支撑辊径 110mm

5.2.3.2　张力辊

出口活套张力辊的作用主要是防止带钢跑偏，卷取张力影响到钢卷的松紧，张力小了易塌卷，张力大了又会使厚边缺陷扩大化，造成卷取翘边，钢卷喇叭口缺陷，钢卷再打开时产生严重的边浪，影响用户使用。如果卷取张力太小，板与板之间的间隙过大，在运输中受力部位发生相互摩擦会形成摩擦黑点缺陷，因而卷取张力必须足够大。

5.2.3.3　卷取机

卷取机用于对连续机组的成品板材进行卷取，并建立机组出口段的运行张力。常见的卷取机为单卷筒，一般机组常配备两台卷取机，两台卷取机交替作业，以满足连续生产的需要。

单卷筒卷取机一般由传动电机、联轴器、齿轮箱、卷筒、旋转胀缩装置、压辊装置、端部支撑装置、液压控制系统、辅助穿带装置等部分组成。辅助穿带装置一般由穿带导板台或者皮带运输机、皮带助卷器等部分组成。单卷筒卷取机的结构布置如图 5-27 所示。

卷取机卷筒由传动电机通过齿轮箱驱动，在卷取机正常穿带运行时，卷取机正向旋转，带动皮带助卷器运转，钢卷带头经穿带导板台或者皮带运输机引导，进入卷取机卷筒与皮带之间，实现卷取作业，并逐步建立起运行张力。当张力建立成功后，皮带助卷器打开，穿带导板台或者皮带运输机降下，机组就可以提速到机组给定运行速度。

卷取机的组成与开卷机相似，也是采用四棱锥结构实现卷筒的胀缩。不同之处在于，钢卷不采用对中纠偏，而是通过伺服液压缸驱动卷取机按照 EPC 对边控制系统的指令浮动，完成钢卷齐边或错边卷取功能。

5.2.3.4　钢卷小车

出口段钢卷小车用于承接运送涂层钢板产品。其结构和入口段相同。

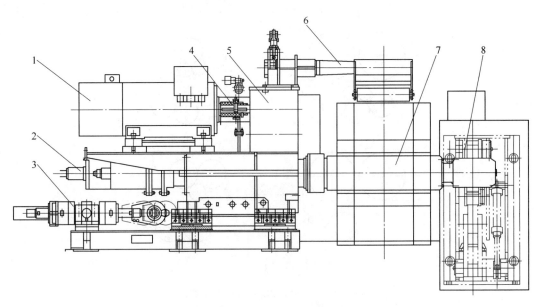

图 5-27　单卷筒卷取机结构布置

1—传动电机；2—旋转胀缩液压缸；3—EPC 装置液压缸；4—制动盘式联轴器；

5—齿轮箱及浮动式底座；6—压辊装置；7—卷筒；8—端部支撑装置

思　考　题

5-1　简述彩色涂层钢板生产的工艺流程。

5-2　彩涂机组主要由哪些设备组成？

5-3　彩图机组的机械设备是如何按功能划分的？

5-4　入口段设备在彩涂生产中主要起什么作用？

5-5　工艺段设备在彩涂板生产中起什么作用？

5-6　出口段设备在彩涂板生产中起什么作用？

5-7　钢带在入口段的链接方式有哪几种？

5-8　压毛刺机的作用是什么？

5-9　入口活套、出口活套的作用是什么？

5-10　彩涂板生产机组中为何要设立张力辊组？

5-11　彩涂板生产的清洗段具有什么作用？

5-12　清洗段内的刷洗装置有何作用？

5-13　清洗段后热风干燥的作用是什么，通常温度设定范围是多少？

5-14　辊涂机具有哪些基本设备构造，分别具有哪些作用？

5-15　在彩涂板生产中为何设立带钢对中纠偏装置？

5-16　彩图机组主要采用哪几种纠偏方法，分别具有哪些优点？

5-17　卷取机的基本作用是什么？

5-18　卷取机如何防止彩涂卷出现塌卷事故？

6 涂料的涂敷工艺

随着工业生产的发展和技术的进步，新型涂料的出现和对涂层质量要求的提高，使涂敷工艺取得了很大的发展，并已逐步向自动化、无污染和高效率化方向发展。目前，世界上生产涂层板的工艺主要有辊涂法、淋涂法、粉涂法。

6.1 辊 涂 法

辊涂法是应用最广的一种工艺方法。清洗干净的钢带经过表面预处理、干燥进入涂装室，由辊涂机的汲料辊汲取液态涂料，经涂敷辊将涂料涂到带材的上、下表面，涂有湿涂料的钢带进入固化炉加热烘烤，使溶剂完全挥发涂层固化，并将含溶剂的废气排出送至焚烧炉处理。涂层固化后的带材要经过淬水冷却，热风干燥。

辊涂法适宜于平面状金属板的涂布，尤其适合于金属卷材的高速涂装。辊涂具有涂装速度快、生产效率高、可正反面同时涂布、涂料利用率接近100%等特点。但辊涂只适应平面涂装，不适应其他形状的被涂物，由于辊涂机采用统一的涂料循环输送、回收系统，涂料的投入量大，不适宜多品种、小批量生产；涂料是在涂装辊表面以湿膜形式转移至被涂物表面，溶剂挥发快，辊涂过程中涂料黏度容易产生变化，若工艺条件控制不当，涂膜容易产生辊痕。

辊涂工艺通常受辊涂机一次涂膜厚度及烘烤固化炉能力的限制，若产品要求涂膜厚度大，则要求多次涂覆及烘烤固化。因此，为满足不同涂层厚度的要求，辊涂工艺有一涂一烘、二涂二烘，甚至三涂三烘。目前广泛采用的辊涂工艺是二涂二烘式。

6.1.1 辊涂机的涂布形式

辊涂机是涂层生产线中使用最多的涂敷设备，现在世界上90%以上的涂层生产线都采用这种设备。在辊涂彩板生产中，敷涂辊、汲料辊、支撑辊及各辊旋转方向的组合不同，带钢上涂覆的油膜厚度以及辊涂过程中的稳定性都会有所不同。按涂辊的相互位置关系来分，辊涂方式可分为对称式辊涂布、含支撑辊非对称式辊涂布、不含支撑辊非对称式辊涂布等三种形式。

（1）对称式辊涂布（图6-1）。该种形式的涂辊上下对称布置，工作时涂辊挤压带钢，钢带受力均匀且波动很小，对于板形较差的带钢也能进行辊涂布操作。由于对称式辊涂布置的上下两涂辊的辊径、辊速等因素均相同，因此该形式可以辊涂相同颜色、相同厚度、上小辊涂速度相同的工序，辊涂后薄膜均匀、质量好且稳定性高。

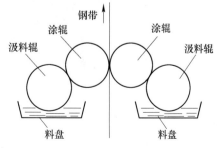

图6-1 对称式辊涂布

（2）含支撑辊的非对称式辊涂布（图6-2）。该种形式的涂辊上下非对称布置，涂辊之间安装有支撑辊，工作时带钢在涂辊与支撑辊作用下绷紧，保证受力均匀，带钢波动小，辊涂后薄膜均匀、质量好。由于该形式两涂辊分开，故可以选取不同的辊径、辊速等因素，可以辊涂出不同颜色、不同厚度的彩板，且稳定性高，但对于板形较差的带钢仅能进行单面辊涂布操作。

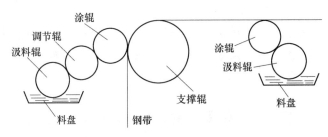

图6-2　含支撑辊的非对称式辊涂布

（3）不含支撑辊的非对称式辊涂布（图6-3）。该种形式的涂料辊上下非对称布置，涂料辊之间安装没有支撑辊，故无法保证带钢的受力均匀，带钢波动较大，辊涂后薄膜质量差、稳定性不好。该形式可以辊涂出不同颜色、不同厚度的彩板，对于板形较差的带钢不能进行辊涂布操作。但由于该方法制造、安装精度小且成本低，也受到许多厂家的青睐。

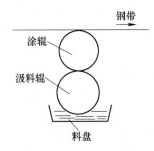

图6-3　不含支撑辊的非对称式辊涂布

6.1.2　辊涂机的种类

辊涂机一般有两辊式和三辊式，如图6-4所示。两辊式是指在一个涂层头中，除了带钢（支撑辊）外，只有涂敷辊和汲料辊，汲料辊从涂料盘中汲取涂料，转移到涂敷辊上，再由涂敷辊将涂料涂到钢带表面上。三辊涂装是在原有两辊涂装的基础上，增设了第三根辊子即调节辊，目的是为了控制汲料辊供料的稳定性。汲料辊所汲取的涂料需通过汲料辊与调节辊间的缝隙才能供给涂敷辊。调节辊与汲料辊间的缝隙可以调节。这样就可以通过

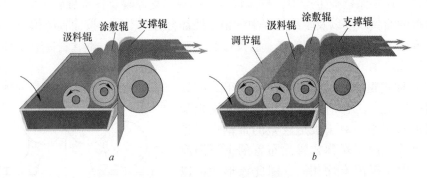

图6-4　两辊式和三辊式辊涂机

a—两辊式辊涂机；b—三辊式辊涂机

对此辊缝的调节来控制涂膜的厚度。调节辊可使汲料辊上所带的涂料更均匀，所以初涂机一般采用两辊式，对涂层质量要求高时，精涂机采用三辊式。

相对于汲料辊的转动状态，调节辊的作业状态有两种；一种是顺向转动的状态，另一种是逆向转动状态。

当调节辊与汲料辊逆向转动时，调节辊对汲料辊所汲取的涂料进行逆向剪切，使厚度多于辊缝的涂料流回涂料盘。只要辊子缝隙小于汲料辊汲取涂料的厚度，就会有相当量的涂料黏附在调节辊上。这一部分涂料的多少，受涂料的黏度、辊子的剪切速度、汲料厚度与辊子缝隙差值的影响。它的最大值是汲取涂膜厚度与两辊缝隙的差值相对应的涂料量。如不除去它，这部分涂料就会进入汲料辊向涂敷辊输送的涂料之中去。这样调节辊就不能控制向涂敷辊供应的涂料总量，即不能控制带钢表面的涂膜厚度。如果在两辊逆向转动时，在调节辊旁加一个刮刀，汲料辊与调节辊缝隙处由调节辊刮下的涂料，在遇到刮刀时会从辊子上刮掉，而不会再转回到两辊的缝隙处。这样，就可以由调节辊与汲料辊的缝隙确定汲料辊向涂敷辊的供料厚度。

当调节辊与汲料辊顺向转动时，汲料辊所汲取的涂料在通过辊缝时超过辊子缝隙的部分涂料因不能通过辊缝而流回涂料盘。由于此时涂料的品种、初始黏度、压力、温度等都是相同的，因此在涂料通过辊缝两辊分开时，涂料层被撕裂并按两辊的角速度成比例地分配涂料。其中一部分由汲料辊供给涂敷辊，另一部分附着在汲料辊上回到两辊的缝隙处，而这部分涂料在黏度和成分上，由于溶剂的挥发则发生了变化。

另外，由于彩涂生产时需要不断更换颜色，为了在不停车的情况下实现快速更换颜色，通常生产线上安装一上一下两台精涂机，其中一台只有正面涂层头，为备用涂层机。辊涂机的涂敷辊、汲料辊和支撑辊分别安装在各自的滑道上，载荷传感器安装在滑道传动侧的轴承座下面，依靠载荷传感器调整各辊之间的压力来控制涂层厚度。

6.1.3　汲料辊的作业方式

汲料辊担负着向涂敷胶辊供给涂料的任务，所以要求汲料辊能稳定、均匀地吸取和供给涂料。汲料辊的运行状态不仅与辊涂机的结构、带钢速度、辊子位置的设定有关，也与涂料的性能有着很大的关系，影响涂料性能的因素有树脂的品种、树脂摩尔质量的大小、溶解的状态、颜料及其分散的状态、结构形成的状态。除此之外，作为流体的涂料有着与牛顿流体不同的流变性，也在汲料作业中起着一定的作用。

如图 6-5 所示，在进行两辊式逆向涂敷时，汲料辊将涂料从料槽中汲取后，将其提升到 C 点，这时部分涂料通过辊缝并转移到涂敷辊。过剩的涂料则以幕帘状流回涂料槽中。

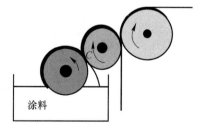

图 6-5　两辊式辊涂机的汲料示意图

通过对涂敷辊与汲料辊辊缝处过量涂料是以何种状态流回对汲料辊的作业状态进行评价。如图 6-6 所示，将其中能以均匀幕帘状态流下的情况作为 4，以不能形成连续膜状幕帘状态流下的情况定为 1，从而用 1～4 的等级来评价汲料作业状态。其中以呈现 4 的状态时为良好作业状态。

4　　　　　　3　　　　　　2　　　　　　1

图 6-6　汲料作业的评价分级

6.1.4　湿膜厚度的测量

涂层湿膜厚度测量在涂层的质量控制中十分重要，主要因为涂层厚度对产品质量影响极大，厚度过薄时，水和大气易于渗透，引致膜下腐蚀；厚度过厚的涂层在烘干成形时易破裂或脱落等。所以，涂层湿膜的测厚在彩色涂层钢板生产过程中必不可少，通过测厚控制，可以减少废次品率。

为了即时测定湿膜的厚度，大多采用湿膜测厚计在涂敷过程中来测定涂膜的厚度。湿膜测厚计的测量原理是，同一水平面上相联于一体的两个平面之间有第三个平面，当两侧的平面同时触及湿膜下面的基板时，第三个平面就可能垂直地接触到湿膜。由于第三个平面与两侧的两个平面具有高度差，所以当第三个平面刚接触到湿膜时，这个高度差就是湿膜的厚度。

根据这一原理制作的湿膜测厚计有两种：一种是滚轮式湿膜测厚计，一种是梳式湿膜测厚计。

滚轮式湿膜测厚计，它有一对同轴的轮盘，具体形状如图 6-7 所示。测定时，待测部位应选在离带钢边沿 20mm 处，用拇指和中指夹住中心导轮，并从最大读数点开始把圆盘压着基板顺向滚动至零点，然后拿开。湿膜首先与中间偏心轮表面接触的点即为湿膜的厚度，其数值可由刻度上读出。用同一方法，在带钢的边沿逆向再测一次，取两次读数的平均值，作为带钢湿膜厚度的测量结果。当然，为了可靠，也可以多次重复测试。

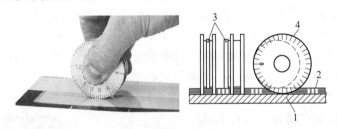

图 6-7　滚轮式湿膜测厚仪
1—基材；2—涂层；3—偏心轮缘；4—轮规

需要注意的是测厚仪必须垂直于被测表面，否则将得出不正确的结果，另外仪器在表面上滚动，若是由零开始，则由于涂膜的被挤压也将使结果有一定的误差。

和滚轮式湿膜测厚计相比，梳式湿膜测厚计是一种更简单的湿膜测厚计，它是一块可放在口袋里随身携带的金属板，如图 6-8 所示。金属板边缘有矩形的齿，每一边齿形两端的两个平面都在同一个水平面上，而中间各齿距水平面有依次递升的不同高度。使用时，把它垂直接触于待测表面，梳齿黏附湿膜的最大读数即为该湿膜的厚度。梳式湿膜厚度计虽然便于携带，但由于其各齿形表示的厚度有一定的间隔而非连续数值，因此测试时误差比滚轮式的大。

图 6-8　梳式湿膜测厚仪

彩色涂层钢板表面的涂层厚度是涂料经涂敷、烘烤固化后形成的。根据预先进行的小型试验，可以获得关于涂料涂敷厚度（湿膜厚度）与涂料涂敷后经烘烤固化所得的涂层厚度（干膜厚度）的比值。然后根据对涂层干膜厚度的要求来设定涂料涂敷时的湿膜厚度。只要按此要求进行涂料涂敷，在经过烘烤固化后就可以得到最接近于预期的涂层厚度的涂层。

涂层干膜厚度测定可以采用多种形式的测试方式，目前比较有代表性的有磁性测厚仪法（图 6-9a）、杠杆千分尺法（图 6-9b）、金相显微镜法（图 6-9c）及钻孔破坏式显微观测法等四种测定方法。例如产品的无损测定法（电磁感应），取样后的显微测厚法，以及在生产线上进行的红外线测厚法。然后根据对干膜厚度的测定结果，在生产作业中对涂料涂敷厚度进行调节。

湿膜厚度与干膜厚度可用下式换算：

$$S_{ft} = \frac{S_{tr}}{F_{vot}} \times 100$$

式中　S_{ft}——湿膜厚度，μm；

S_{tr}——干膜厚度，μm；

F_{vot}——固体含量的体积分数，%。

	a		b		c

图 6-9　干膜厚度测定仪

a—磁性测厚仪；b—杠杆千分尺；c—金相显微镜

6.1.5　涂层厚度的在线测量

为了较精确地控制涂层的厚度，因此，最理想的方法还是直接在生产线上对涂层的厚度进行测量或控制。生产中可采用在线红外线和 X 射线测厚法。

在线红外线测厚法的原理是用一个由高精度温度控制的黑体炉对钢板照射红外线光束，被反射的光束通过一个旋转扇形片送到传感器。旋转的扇形片具有复数的带通滤波器，选择被涂料吸收的波段的红外线，同时将同期信号送往信号处理器。为了降低由于红外线光的变动和光学系统的干扰等引起的误差，一方面对涂料树脂的种类、颜色、原板的反射系数的差进行校正，将由红外线传感器送来的信号输入到运算处理器，另一方面对比检索数据库数据与已知数据，进行数据的函数变换处理，然后算出涂层厚度的绝对值。使用一般涂料，涂层总厚度在 $20\mu m$（干膜）时，测量误差为 $1\mu m$ 左右。

X 射线测厚法是将 X 射线以一定角度射到彩色涂层钢板表面，然后根据不同的吸收和反射强度计算出涂层厚度。这种方法通常对涂料种类有特殊要求，如涂料中必须含有锶元素等。

在线测厚的方法虽然具有无损伤、即时调整及控制精度高等优点，但对于生产线其他辅助设备的要求比较高，且测厚和调节设备的投资较大，一般很少采用。

6.1.6　辊涂机的涂装方式

辊涂机的涂装常见的有顺涂和逆涂两种方式。当涂敷辊的转动方向与带钢的行进方向（即支辊的转动方向）相反时为逆涂方式；当涂敷辊的转动方向与带钢的行进方向（即支辊的转动方向）相同时为顺涂方式，见图 6-10。

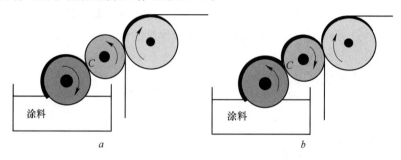

图 6-10　二辊顺涂和二辊逆涂示意图
a—二辊顺涂；b—二辊逆涂

顺涂时，与辊缝厚度相同的涂料通过辊缝后，随着带钢和涂敷辊的运动而撕裂，分配于两个辊子的表面。其具体的比例则会因涂料的性质和两辊的角速度比而有所不同。但是，在实际生产中，为了获得较薄的涂层，涂敷辊与带钢是紧靠在一起没有缝隙的。如果是两根刚性辊子，从理论上讲不可能有涂料能从涂敷辊和带钢之间通过而涂敷于带钢表面上。而采用聚氨酯橡胶包衬的涂敷辊时，就可以将涂料涂于带钢表面上。这也是生产中为什么对带钢进行辊涂作业时，必须使用衬胶辊的原因。

逆涂时，汲料辊从涂料盘中汲取涂料，转移给涂敷辊，再由涂敷辊涂敷于带钢表面。在作业中，可以通过调节汲料辊和涂敷辊的转速或调节汲料辊与涂敷辊间的缝隙的，来调节涂敷于带钢表面上的涂膜厚度。在进行机械调节之后，涂料的黏度、温度、机械振动、涂料盘中液面的波动等影响汲料辊汲取涂膜厚度的因素仍然存在，这些因素使汲料辊向涂敷辊的涂料供给量处于不断变化的状态。

6.1.7　涂料涂敷厚度的控制

涂敷作业时，由操作人员使用涂层测厚器对涂敷后的钢板表面涂层进行湿膜厚度测量。根据所测得的湿膜厚度和已知的干膜厚度与湿膜厚度的对应比值，通过计算机传感器调节有关辊子的缝隙以及相关辊子的转速，在一定范围内调节涂敷辊、汲料辊和调节辊的转动速度，从而改变涂料厚度。这种方法对干膜厚度进行测定后再调整涂层厚度更及时，但需要有丰富的经验。其弊病是进行湿膜测厚时，会在涂层表面留下痕迹，对于装备不太先进的生产线来讲是可行的。

6.1.7.1 涂膜厚度的影响因素

在生产过程中，支撑辊、涂敷辊、汲料辊的滚动方向、辊径 R 和辊间间隙，对涂膜厚度都会有不同的影响。在逆涂模式下，当带钢的速度低于涂辊速度时，部分涂料仍会留在涂辊上，此时涂辊与带钢间为流体润滑解除，磨损很小且涂层过程总是稳定的；当带钢速度高于涂辊速度时，涂辊上的涂料能够全部转移到带钢上，涂辊与带钢之间将发生干摩擦，会造成涂辊的磨损。当辊间间隙增大时，涂膜厚度随间隙的增加而减少，汲料辊剩余的涂膜厚度随之增加。另外，辊径 R 越小，辊涂系统越稳定，涂层质量越好。

6.1.7.2 通过调整辊子的转速比控制涂层厚度

在特定的辊速、带速、辊径、涂料等参数下，辊涂过程才能处于一个比较窄的稳定工作区域。当汲料辊的转速和涂敷辊转速确定之后，在单位时间内涂敷辊向带钢供给的涂膜总量也是确定的。这时，如果调节带钢的速度，带钢表面上被涂上的涂膜厚度将发生与之成反比的变化。固定了带钢的行进速度后，改变各辊的转速，则会使带钢表面的涂膜厚度发生变化。这时，如果增加汲料辊和涂敷辊的转速比，带钢表面上的涂膜厚度将发生与之成正比的变化。

6.1.7.3 通过控制辊间压力控制膜厚

在实际生产中，为了获得较薄的涂层，涂敷辊与带钢是紧靠在一起没有缝隙的。如果是两根刚性辊子，从理论上讲不可能有涂料能从涂敷辊和带钢之间通过而涂敷于带钢表面上。而采用聚氨酯橡胶包衬的涂敷辊时，就可以将涂料涂于带钢表面上。这也是生产中为什么对带钢进行辊涂作业时，必须使用衬胶辊的原因。当生产线速度和涂敷辊转速确定后，涂敷于带钢上的涂膜厚度 H_1 随涂敷辊与带钢间压力 F 的增大而减小。

6.2 涂层机的涂料供给与搅拌

6.2.1 涂料的供给

辊涂机的汲料辊下半部浸没在涂料槽中，因此为了连续地对带钢进行涂敷，必须不断地补充涂料以保证涂料与汲料辊的接触以及汲料辊在涂料中沉没一定的深度。这一般是由涂料供给系统完成的。图 6-11 所示为涂料供料系统示意图。

涂料通常是通过泵送往料槽的，为了保持对带钢涂敷的涂料的均匀性，料槽与涂料桶之间有往复管路，以实现涂料不断地循环。为了防火、防爆安全，涂料储桶内的搅拌和涂料的输送都采用气动电机和气动泵。有时从更换涂料和清洗方便考虑，并不使用固定的管道系统，而是直接用软管连接涂料储桶与辊涂机的料槽。在一般情况下，初涂（底漆）或背面涂料更换的比较少，有时即使更换也不需要彻底地清洗。而正面表面漆的涂料颜色和品种更换则比较频繁，因此需要清洗涂层头、涂料槽、管道和其他接触涂料的部分，一般清洗需要 0.5~1h。这对高速生产的机组涂层头的辊涂机，当需要更换涂料或胶辊时，使已清洗好备用的涂层头进入工作状态，让需更换的涂层头（包括料盘）退出工作状态，按要求进行清洗。这样可以实现在不停机的状态下进行清洗，从而大大地提高了机组的工作

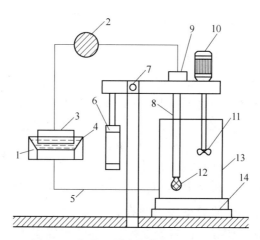

图 6-11　辊涂机的涂料供料系统示意图

1—涂料槽；2—精过滤器；3—汲料辊；4—稳流板；5—返流管；6—汽缸；
7—旋转支臂；8—抽气管；9—空气泵；10—防爆电机；11—搅拌器；
12—粗过滤器；13—涂料桶；14—铁格板

效率。在单涂层头的情况下，也往往是尽快地更换上已清洗好的辊子等部件，开动机组，然后再将换下的部件彻底清洗。从安全的角度和生产场地使用的角度来考虑，供应辊涂机的涂料，只应该有少量放置在辊涂机旁备用，车间的涂料供应由涂料配置间和涂料仓库来保证。涂料配制间一般与生产车间联通，专门按照生产计划和生产工艺的要求配制涂料，使品种、颜色、黏度均达到生产的要求，并搅拌均匀，在规定的温度下存放，不时地向机组供应所需的涂料。大量涂料和有机溶剂的储存需要有专门的仓库。从安全的角度，要求涂料仓库离生产车间要有相当的距离，但同时也要考虑能方便地向车间供应涂料，一般设在距车间和火源 100m 以外的地区。储存涂料时，要弄清涂料的储存期限，如聚酯、聚丙烯酸、氟树脂类涂料可以存放一年左右。聚氯乙烯（PVC）有机溶胶或塑料溶胶可以存放6 个月左右。同时，要根据生产规律和涂料生产厂的远近与生产周期，留够足够的储备量。另外，要注意品种和颜色。

6.2.2　涂料的搅拌

为了使涂料涂敷过程中，涂料槽中的涂料黏度和成分上保持均匀，在涂敷过程中要对涂料进行搅拌。采用的方法，一般是在涂料槽中装设水平固定螺旋搅拌器来进行，如图 6-12 所示。

6.2.3　涂料黏度的测量及黏度间的换算

涂料在搅拌过程中，应进行黏度测量。黏度是控制涂膜厚度的一项重要指标。黏度越高，涂膜越厚，不宜施工；黏度越低，虽然利于施工，但涂膜

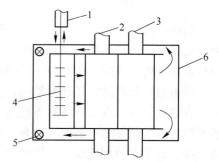

图 6-12　涂料槽中涂料搅拌示意图

1—电动机；2—汲料辊；3—涂敷辊；
4—搅拌器；5—涂料出口；6—涂料槽

越薄，容易产生流挂、流淌及露底等缺陷。所以，在涂料施工之前，必须先测定黏度，使涂料的黏度既利于施工，又能达到涂层的湿膜厚度。

涂料黏度的测定方法很多，包括流出杯、斯托默黏度计、旋转黏度计、落球黏度计等。

用于彩涂线黏度测定的主要是流出杯法。流出杯是在实验室、生产车间和施工场所使用最普遍的涂料黏度测量仪器。原因是流量杯法操作、清洗均较方便。流量杯黏度计所测定的黏度为运动黏度，即为一定量的试样，在一定温度下从规定直径的孔中流出的时间，以秒表示。

在生产或试验中有时也使用其他种类黏度计测量涂料的黏度，因而有时要对不同的测量结果进行换算。现将它们之间的换算系数列于表 6-1 中，以供参考。

表 6-1 黏度杯换算系数

黏度杯名称		系数	换算最低时间/s	黏度杯名称		系数	换算最低时间/s
A₁ srican Can		3.5	35	Pratt Lambert A		0.51	70
ASTM 0.07		1.4	60	Pratt Lambert B		1.22	60
ASTM 0.10		4.8	25	Pratt Lambert C		2.43	40
ASTM 0.15		21.0	9	Pratt Lambert D		4.87	25
ASTM 0.20		61.0	5	Pratt Lambert E		9.75	15
ASTM 0.25		140.0	4	Pratt Lambert F		19.5	9
A & W "B"		18.5	10	Pratt Lambert G		38.0	7
A & W		11.7	12	Pratt Lambert H		76.1	5
Caspers Tin Plate		3.6	39	Pratt Lambert I		152.0	4
Continental Can		3.3	12	Redwood		0.23	320
Crown Cork & Seal		3.3	12	Engler（恩氏）		7.3	18
福特	Ford 3 号	2.4	34	Scott（斯科特）		1.6	20
	Ford 4 号	3.7	23	Westinghouse		3.4	30
Murphy Varnish		3.1	24	察恩	Zahn G-1	0.75	50
帕林	Parlin 7	1.3	60		Zahn G-2	3.1	30
	Parlin 10	4.8	21		Zahn G-3	9.8	25
	Parlin 15	21.5	10		Zahn G-4	12.5	14
	Parlin 20	60.0	5		Zahn G-5	23.6	12
	Parlin 25	140.0	15	Saybolt Universal		0.21	70
	Parlin 30	260.0	10	Saybolt Furol		2.1	17

所得的黏度值可以互相换算。例如，使用福特杯（Ford 4 号）测量的黏度值为 60s，换算出的察恩杯（Zahn G-2）黏度值为 60s×3.1/3.7，即为 50.3s。

流量杯主要用于牛顿流体或近似牛顿流体的涂料的黏度测量，当涂料属于非牛顿流体时，则应该使用旋转黏度计测量涂料的黏度。使用旋转黏度计所测得的黏度值与用福特杯 4 号测得黏度值也可以按一定的关系互相换算，如图 6-13 所示。

涂料的黏度与温度有密切关系，同时也与稀释剂的浓度有关，在不同的温度下，进行涂料的涂敷作业时，要求将涂料用溶剂稀释到相同的黏度。为了便于调节涂料的黏度，涂料生产厂家经常利用一种事先测算好的"温度-黏度-稀释率曲线"（图 6-14），计算出稀释剂的用量，来指导操作。例如，当涂敷黏度定为 100s 时，当所处的温度是 5℃ 时（X_A 点）加入 17% 稀释剂；温度为 30℃ 时（X_B 点）加入 7% 稀释剂。

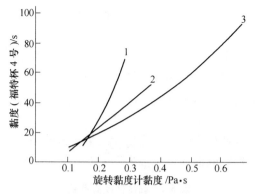

图 6-13　福特杯 4 号黏度换算关系

1—清漆；2—喷射用漆；3—磁漆

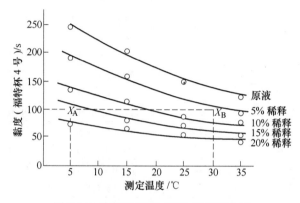

图 6-14　涂料的温度-黏度-稀释率曲线

　　一般情况下，温度越高，稀释率越大，黏度越小。同样的湿膜厚度，不同的稀释率，固化后的干膜厚度也不同，稀释率越大，干膜厚度越薄，但是稀释剂的成本也越高。

6.3　其他涂敷工艺

6.3.1　淋涂法

　　淋涂法是涂料从容器底部的缝隙中或通过喷嘴均匀流出，形成涂料幕，涂到基板上，多余的涂料进入回收容器，再通过泵提送到高位槽循环使用。淋涂法的涂装质量与涂料的黏度、输送速度、窄缝宽度、喷嘴大小以及涂料所受压力等因素有关。

　　淋涂法涂装工艺的优点为：涂料用量少，能得到比较厚而均匀的涂层，涂层可由双组分涂料配合施工，也可用光固化涂料配套。其缺点为：对溶剂挥发消耗量大、初期挥发快的涂料不适合，对于要求进行双面涂敷的产品，此种方法不能使用。即使对于单面涂敷的产品，也只能用于平面涂装，不能涂装垂直面，且涂层的厚度不易控制、产品的表面不平，不能涂出较薄的涂层。

　　淋涂法不会出现辊印，产品多用于高档家电，但是涂布量随速度的变化波动大，工艺控制困难，尚未大规模应用于生产。

6.3.2 静电喷枪法

静电喷枪法是用静电喷枪将粉末涂料喷涂到板带上，这些机组设备比较简单，生产线的运行速度仅为 15m/min，生产能力小，主要受静电枪在粉末通过性和充电性上的限制。生产线由于粉末流量最大为 1kg/min，沉积率低，其生产速度远低于成熟的液体辊涂生产线速度，不能满足大批量生产的需要，且在干燥涂层的均匀性及橘皮控制上都存在缺陷。

6.3.3 覆膜法

覆膜法也称为热贴膜生产工艺，采用覆膜法生产涂层钢板时涂敷前的预处理基本与辊涂法相同，经过初涂后，带材在精涂机给下表面涂上背漆，上表面涂热固黏结剂，经热风固化烘烤炉活化处理，在精涂炉出口处由贴膜机将 PVC 等塑胶膜贴在活化后的上表面，经冷却、压平，就获得了外观美丽的覆膜板。覆膜板花色品种多、外观美丽，同时具有防火、耐腐蚀、抗酸碱、耐污染等性能，主要应用于家电、家具、室内装饰及车船内部装饰，但价格较高。有些彩涂机组可用两种工艺分别生产辊涂与覆膜两种类型涂层钢板，但因为覆膜板的生产速度较慢，所以新建高速机组通常不设计成兼用型。

思 考 题

6-1 辊涂机的涂布形式分哪几种类型，各有何特点？

6-2 辊涂机具有哪几种类型，其生产方式有何区别，对产品质量有何影响？

6-3 汲料辊有哪几种构造，在汲料过程中分别具有哪些优缺点？

6-4 涂料辊涂机操作要注意哪些问题？

6-5 如何设定辊涂机的辊涂速度？

6-6 如何测量辊涂机各涂辊的平行程度？

6-7 如何对涂料的涂覆厚度进行控制？

6-8 上机前涂料的最佳搅拌时间应为多少？

6-9 如何防止涂料供给过程中的管路阻塞问题？

6-10 涂层施工中最常见的涂覆缺陷有哪几种，其原因是什么？

6-11 彩涂板生产的其他涂覆工艺有哪些，各自有哪些优缺点？

7 涂料的固化成膜

7.1 涂料固化成膜的机理

涂料的固化成膜是指涂覆到基材表面的涂料由液态（或粉末态）转化成无定型固态薄膜的过程，这一过程也称为涂料的固化或涂料的干燥。涂料的固化成膜是一个复杂的物理或物理化学过程，按成膜机理不同，可分为溶剂挥发成膜、缩合反应成膜、氧化聚合成膜、乳胶凝聚成膜等多种方式[1]。对于不同的涂料体系，其成膜方式可能是单一的，也可能是上述几种甚至全部成膜机理的综合体现。

涂料的成膜机理一般有两种：一种是物理机理；一种是化学机理。

7.1.1 涂料的物理成膜机理

涂料的物理成膜机理是指在涂料固化成膜时，只是发生物理状态的变化，并无分子的交联等化学反应发生便形成固化的涂层。这类涂料分为溶剂挥发型和乳胶凝聚型。

7.1.1.1 溶剂挥发型

溶剂挥发过程包括三个阶段。第一阶段为表面层大量自由溶剂挥发，表面层聚合物浓度、体系黏度和玻璃化温度增加，自由体积减小。第二阶段是内层溶剂挥发。当表面层的溶剂挥发结束后，由于饱和蒸气压造成内部溶剂开始挥发。但内部溶剂挥发必须通过聚合物成膜物浓度层，所以此阶段的挥发，内部溶剂必须克服这个凝胶层的阻力，因而溶剂的蒸气压显著下降，挥发速度放慢。第三阶段为残余溶剂的挥发[2]。这些残余溶剂与成膜物质连接牢固，难以挥发。一般，第二阶段及第三阶段挥发速度取决于成膜物质的相对分子质量、溶剂的相对分子质量及涂膜的自由体积。

溶剂挥发型涂料具有如下特点：成膜物的高分子材料以分子状态存于溶液（涂料）中；通过溶剂挥发，经过高分子物质的分子链接触、搭接等过程而结膜；涂料干燥快，结膜较薄而致密；生产工艺较简易，涂料储存稳定性较好。

7.1.1.2 乳胶凝聚型

乳胶是作为主要成膜物质的高分子材料以极微小的颗粒（而非呈分子状态）悬浮（而非溶解）在水中的分散体系，其干燥就是这些成膜物的颗粒凝聚成膜的过程。乳胶的成膜过程非常复杂，毛细管理论较好地解释了其成膜过程。当乳胶涂覆后，乳胶粒子仍可以布朗运动形式自由运动，随着水分的蒸发，布朗运动受到限制，最终相互靠近形成紧密堆积态。

7.1.2 涂料的化学固化机理

涂料的化学成膜机理是指在涂料固化成膜时，能发生交联的聚合物（线型的聚合物或轻度交联的聚合物）或低分子的化合物，在涂敷施工之后再使它们之间发生交联反应，形成交联聚合物而成膜。属于化学机理成膜的涂料可以分为两类。

（1）氧化聚合型。氧化聚合型涂料主要为油或者油改性涂料，通过与空气中的氧发生氧化交联反应，生成网状大分子结构成膜。氧化交联的速度与树脂分子中的碳碳双键的数目和碳碳双键取代基的几何构型有关，加入催干剂可以加快交联速度。

（2）缩合反应型。两个或多个有机分子相互作用后以共价键结合成一个大分子，同时失去水或其他比较简单的无机或有机小分子的反应。涂料体系中大相对分子质量、线型分子结构的树脂可以通过缩合反应形成交联网状结构而固化成膜，称为缩合反应型成膜。酚醛树脂涂料、氨基醇酸树脂涂料等通过缩合反应成膜。

在彩色涂层钢板生产中，使用的主要是一类成膜类型，在涂敷后，可用以上类型，引发和加快交联反应，并在较短的时间内固化成膜，可以满足高速生产机组的要求。

7.2 固化加热炉形式和特点

在辊涂机涂敷带钢后，引发涂料交联反应固化成膜的方法有多种，主要可以分为两大类：一种是光电固化，如电子束、紫外线光照射；另一类是加热固化，如热风、红外线、电磁感应等加热方式。对于选用何种方式方法，要根据使用涂料的性质确定相应的设备和方法。

7.2.1 热风炉加热固化

现有的彩涂机组大多数采用热风式加热固化炉进行涂料的固化。它一般是使用液化石油气、煤油或脱硫后的焦炉煤气、混合煤气作为燃料，燃烧后通过热交换器将新鲜空气预热，预热后的空气作为热量的载体被风机送入固化炉，对带钢进行加热。

使用热风进行加热的炉子都是直通悬空式。由于加热时间的限制，目前绝大多数的炉子都是卧式，近年一些新建的大型彩涂机组（年产量12万吨以上）在彩涂固化炉采用了立式结构，以缩短机组长度节省厂房投资。

7.2.1.1 炉体温度控制

烘烤炉通常分成3~5，每段温度单独控制，一般来说，在同样长度的炉体，炉内分段越多，对加热曲线的控制也就越精确，但由于循环风机和风箱、管道以及控制阀门数量的增加也会大大提高炉子的设备成本。

在实际生产中，加热曲线还和带钢的厚度、涂料的种类、涂料的厚度甚至涂料的颜色等多个参数都有关系，因此对炉子的控制中，彩涂机组很难像镀锌机组、连退机组那样在二级机里面建立炉温控制的数据模型，每个品种的加热曲线都是经过长期的试验测定而得的。不论带钢的规格有多大的变化，烘烤温度都必须达到使涂料中树脂聚合充分的最低温度。在烘烤不足时涂膜硬度和化学性质明显降低，但烘烤过度时，涂膜的黏附性、光泽度急剧恶化，颜色变黄。因此机组要根据涂料特点制定合适的加热曲线。图7-1所示为5段式加热固化炉炉温与板温的关系。

一般第一段的温度为100~150℃，这一段加热速度不宜过高。它主要是使有机溶剂挥发。实际上在带钢离开辊涂机之后到进入烘烤炉之前的一段距离内（一般为4~6m），有

机溶剂已在挥发。在带钢进入烘烤固化炉之后，带
钢升温的速度过快，则涂膜表面溶剂挥发变快，内
层的溶剂沸腾形成气泡不易逸出，因而可能形成鼓
泡、气孔等而造成表面缺陷，影响产品表面质量。

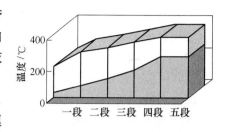

图 7-1　5 段式加热固化炉
炉温与板温的关系

　　带钢在前进的过程中不断升温，溶剂逐渐挥发，
当温度上升到涂料固化所需温度时，带钢的升温速
度变慢，直至温度恒定，并维持涂料进行化学反应
所需的一段时间。这时带钢的温度一般不超
过 250℃。

　　在国外的一些彩涂机组甚至采用了 7~8 段的炉
温控制技术，使得板温控制更加精细。从炉子系统流程图（图 7-2）可以看出整个系统的
原理，废气风机从加热炉内将涂料烘烤后挥发出来的有机溶剂抽到一个专门的焚烧炉内，
同时配比加入空气燃烧后产生大量的高温废气（700~800℃），通过一个气-气热交换器，
使废气温度降低到 300℃ 左右后通过烟囱排出。同时，一个新风风机将新鲜空气抽入后经
过这个换热器升高到 400℃ 以上进入炉子风箱，通过炉内循环风机加压后从喷嘴喷出对带
钢进行加热。

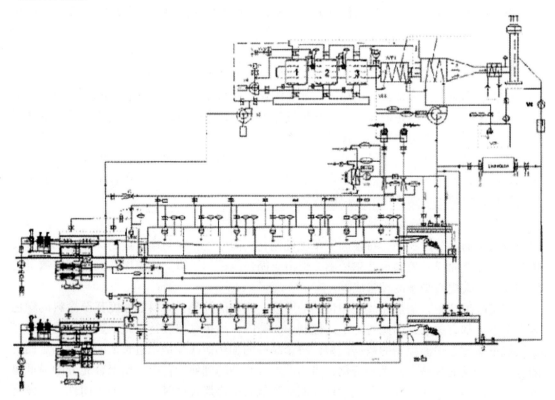

图 7-2　7 段式热风炉原理图

7.2.1.2　炉内结构设计

在烘烤炉中，热风由带钢的上、下方通过热风箱的喷嘴吹向带钢，由于上下喷嘴吹风

的压力基本相同，产生的风力相近，而且喷嘴距离带钢表面也比较远，因此带钢在炉内实际上处于一种悬垂的状态（图7-3）。

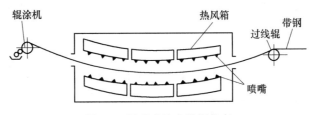

图7-3　悬垂式炉内带钢状态

另一种是上、下喷嘴所喷吹的热风压力不同，带钢下方喷嘴喷出的热风压力大于上方吹出的热风的压力，并能抵消带钢自身的重力。因而带钢进入炉内后被气垫托浮，处于一种近乎于水平的状态（图7-4）。这种炉子一般被称作气垫式（也称悬浮式）热风加热炉。

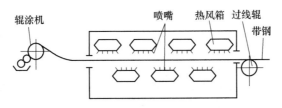

图7-4　气垫式炉内带钢状态

当钢板是在固化炉内呈悬垂状态时，必须求出钢板的悬垂度才能确定喷流箱在炉内的安装位置，以保证钢板在炉内运行时处于上下喷流箱中间位置附近。钢板的悬垂度可由以下公式计算：

$$y = 9.8125 \times 10^{-3} \times L^2/t$$

式中　L——两个支撑辊间距，m；

　　　t——钢板的张力，N/mm^2。

由上式可知，当L一定时，y与t成反比，t越大，y越小，炉子高度越小。但是t不能太大，否则当涂薄钢板时易发生断带事故。当板温为200~250℃时，钢板的$\sigma_b = 350$N/mm^2，取安全系数n为10~15，则得取值范围为：$t = \sigma_b/n = 23~35$N/mm^2。

7.2.1.3　喷嘴结构

传统固化炉喷嘴宽度是不可调的，考虑到由于理论计算与实际情况会有一定误差，同时为调整可能出现的钢板宽度方向上加热不均现象，可将喷嘴宽度设计成可调式的（图7-5）。

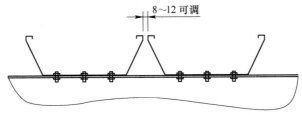

图7-5　可调喷嘴

这样在调试过程中可方便调节喷流箱长度方向上喷嘴气流速度，使每个喷嘴的气流速度都达到设计值。同时当出现板温左右不均时，可通过调节同一喷嘴左右端缝宽，使温度偏低的一端的加热气流流量增大，使温度偏高的一端的加热气流流量减小，从而使板温左右均匀。

7.2.1.4　回风结构

传统固化炉的各个炉区是相通的，这样受循环风机和总回风口处负压的影响，就不可避免地使相邻炉区的炉气串通，使炉温不能很好地按炉区划分炉温曲线，使钢板不能很好地按设定的炉温曲线加热。因此可将相邻炉区的回风室通过加装隔板完全隔开（图7-6），使各炉区的循环气流相互独立，确保各区温度保持在设定温度。

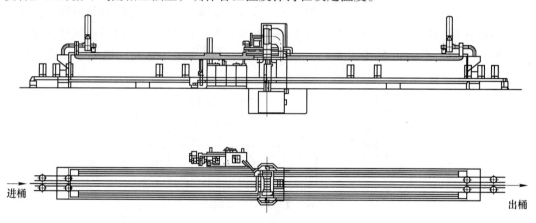

图 7-6　固化炉炉体结构

另外，传统固化炉各个炉区的循环回风口都是大回风口，且不对称地布置在一侧炉墙上，这样造成炉内压力和气流的分布不均，最终影响到炉和板温的不均。为了克服上述不足，可将各个炉区的循环回风口由一个大回风口改为多个小回风口，均匀布置在炉内两侧，并且在每个小回风口上安装了调节回风面积的调节闸板。所有这些措施必将促进炉内压力和气流的均匀分布，大大改善炉温和板温的均匀性。

7.2.2　红外加热固化

IR 干燥固化炉主要依靠辐射加热方式，将光能转化为热能，使涂层升温，从而使涂膜固化。在 20 世纪 50~60 年代主要用蒸气或电加热器作热源来干燥固化，从 60 年代开始出现 IR 干燥固化，70 年代出现远红外干燥固化和微波干燥固化，1994 年出现了高红外快速加热技术。一般来讲，国内采用电加热热风干燥固化炉较多，但用电作为烘烤热源往往不是一种经济的方法，特别是增容费的负担，使建设投资增大；但电加热的设计与运行管理较简便，操作比较方便，所以在较小的干燥炉中应用较多。另外，在进口 IR 干燥固化炉的基础上，改造和自行生产 IR 干燥固化炉逐渐增多，随着环保、节能意识的增强，IR加热炉逐渐得到推广。

7.2.2.1　IR 固化机理

波长为 1~100μm 的电磁波为红外线，当它聚焦在物体表面时，有一部分会被物体吸收转化成热能，IR 加热烘干固化炉正是利用这一特性以内加热方式来加热涂膜，使之交联固化的，因此其热源的设计和温度控制是关键。

A 热源

我国开始在涂膜固化上应用 IR 辐射加热技术以来，所用 IR 辐射元件有碳化硅板、电阻带、氧化镁管、乳白石英管等。目前应用较多的是乳白石英管。对辐射源的要求是：电-热辐射有效转化效率（η）高，即（1）与涂膜吸收带匹配的电磁波称为有效波段，电能在转化成光能的时候，要求辐射源在有效波段内的光谱发射率（s）要高。所以，一方面要求 IR 加热器自身必须质量轻、比热容低，这样自身蓄热小、辐射率高；另一方面要求 IR 发热体的辐射光谱与被加热体（涂层）的吸收光谱相匹配。只有同时具备这两方面，电能转化成的有效光能才高，乳白石英玻璃在 $2.5 \sim 15 \mu m$ 波段内（部分有机涂层的主要吸收波段）的 θ 约为 0.92，所以，常选用乳白石英玻璃作加热源。（2）光能必须有效地被涂层吸收，并转化成热能，这就要求红外线可以在涂层处聚焦，因此，在加热源背面采用反光罩，使大部分能量可以辐射到涂层表面，使涂层由内向外固化。经国家红外线产品中心测试，乳白石英玻璃的 η 大于 70%。

B 温度控制

由于能量聚焦于涂层表面，所以涂层表面的温度与空间的温度之间差别较大，所以温度测量不宜采用常规热电偶或热电阻测温元件，可采用有效波段的 IR 测温仪进行非接触测量，也可用 $\theta > 0.9$ 的铂薄膜测温元件直接测温。目前，工业上常用的方法是：在调试过程中用 IR 测温仪测涂层表面的温度，同时用热电偶或热电阻测温仪测出相应的参比值，这样可以得到 IR 测温仪和热电偶或热电阻测温仪之间的对应值，工艺成熟后，用热电偶或热电阻测温仪所测的空间温度来推算涂层温度，以达到测温和控温的目的。

7.2.2.2 红外加热固化和传统加热固化方法的比较

（1）占地面积小。IR 辐射固化烘道结构紧凑，不要换热设备、管道和阀门等，所以占地面积小、投资少。

（2）节能。传统的热风循环式干燥固化炉主要是靠对流的方式加热工件，要使涂层固化，被加热的不仅仅是涂膜，因此热损失大、热效率低；而 IR 辐射固化中红外线直接聚焦于涂层表面，η 较高，同时，IR 辐射固化炉的烘道较短，其他配套管道也较少，所以散热面积小。这样和传统烘道相比，IR 辐射固化炉较节能。

（3）环保。和其他以可燃性气体、液体或煤作燃料的加热炉相比，IR 烘干炉没有废气和粉尘污染。

（4）固化快。传统的热风循环式干燥固化炉升温时间较长，若强行缩短升温时间，涂膜内的可挥发性组成物在表层固化之前来不及蒸发，容易引起漆膜针孔的弊病；IR 干燥固化炉使将红外线聚焦于涂层，漆膜从里向外干，和涂膜内可挥发性组成物的逸出方向一致，不会形成针孔，可实现快速固化。据统计，IR 辐射膜的固化时间为对流加热固化时间的 $1/10 \sim 1/2$。

7.2.2.3 IR 固化的发展

利用红外加热的方法，可分为中波红外（IR）和近红外（NIR）。其中，中波红外技术由于设备简单、投资少，被目前国内不少中小型彩涂机组所采用。中波红外加热又可分为直接燃烧红外线加热和电红外加热。直接燃烧红外线加热是采用可燃气体，通过红外烧嘴燃烧，放出红外线对钢板烘烤加热，电红外是采用通电石英管的红外线加热，这两种方式对温度不宜控制，特别是机组停车时无法很快的对炉内进行降温。造成废品率高，容易着火，并且能耗大，不适合大型机组和高品质产品的生产。

而近红外加热技术是目前最新开发出来的一种加热时间短十分高效的加热流程的系统工艺。它利用发射辐射频谱（约 90% 的能量在小于 $2\mu m$ 光波区发射出来）获得高达 $1500kW/m^2$ 密度的能量。例如，热镀锌板在短波红外区（NIR）对能量的吸收可达到 60%，而对普通的中波红外线的能量吸收只有 15%（图 7-7）。由于涂料在传统的 IR 能量全部在表面被吸收了，因此烘烤炉中实际是红外线缓慢地对涂料层加热。而 NIR 近红外技术的烘烤原理则完全不同，由于辐射渗透进入涂料中，配合高能量密度使得涂料瞬间加热。

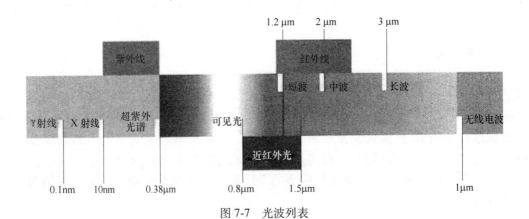

图 7-7　光波列表

图 7-8 比较了 UV、NIR、IR 以及热风固化的工作原理。NIR 技术可以使整个带钢幅面的温度更加均匀，根据带钢的宽度进行幅面的调整，最大程度地节约能量。由于采用此种加热方式没有焚烧炉对有害废气进行处理，同时因为没有热风的混入，挥发出来的有机溶剂浓度高，通常采用冷凝法冷却或催化氧化法处理废气。

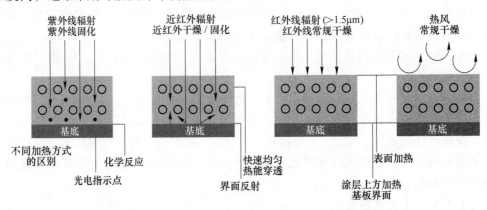

图 7-8　UV、NIR、IR 以及热风固化的工作原理比较

7.2.3 紫外加热固化

UV 固化涂料的基本原理类似于 IR 固化涂料，所不同的是：IR 固化涂料是利用红外线直接聚焦加热涂层，使之固化；而 UV 固化是在反应物中加入光引发剂或阳离子引发剂，UV 光源的发射光谱与引发剂的吸收光谱相匹配，引发剂吸收能量后产生自由基或阳离子，进而引发聚合。

7.2.3.1 UV 固化涂料用光源

在 UV 辐照装置中，最重要的是 UV 光源，UV 固化系统的效率主要和紫外灯的功率、反光罩的设计、发射光谱范围等有关。要求 UV 光源的发射光谱范围与涂料中引发剂的吸收光谱范围匹配性好、输出功率大且稳定、反光罩的聚焦性好、使用寿命长、辅助设备少。紫外灯分几种，各有利弊。

A 低压汞灯

UV 分为几个波段：真空 UV（波长为 10~200nm）；短波 UV（200~290nm）；中波 UV（290~320nm）；长波 UV（320~400nm）。通常，长波 UV 与引发剂的吸收波长的匹配性较好。低压汞灯发射的波长为 185nm 和 253.7nm，能量主要集中于 253.7nm，在短波紫外区，所以穿透深度有限，另外，低压汞灯的输出功率较小，所以固化效率较低。但低压汞灯的价格低、寿命较长。

B 有电极中压汞灯

有电极的中压汞灯的输出功率较高（40~300W/cm），发射的光谱范围很宽，涵盖紫外线、可见光、红外区，所以固化效率较高，广泛用于 UV 固化设备。输出功率高、发射光谱范围宽也会引起一些弊病，例如：光源表面温度高，需要冷却设备，增加了占地面积和投资；高温会产生臭氧，需要排气设备，而且对大气有污染。另外，有电极的中压汞灯需要预热，从开机到完全的光谱输出需要 15~30min。

C 无电极中压汞灯

由美国 Fusion UV SystemsInc. 首先研制成功了一种无电极中压汞灯。这种无电极灯中有特殊的磁控管散热片和冷却反射镜，散热和冷却效果较好，寿命可达 6h。另外，其输出功率较高（600W/cm）从启动到完全的光谱输出仅需要 5~15s，它发射光谱的能量主要集中在 390~420nm 范围内，所以固化效率非常高，但价格较贵。

D 新型 UV 光源——Excimer Laser

通常的 UV 光源都会产生高温，这不仅需要冷却设备，增大了设备投资，而且还会产生臭氧，对环境有污染。国外早在 20 世纪 90 年代末开发出了一种新型的紫外灯 Excimer Laser，这种紫外灯是一似单色的光源，可以设计不同的发射波长，目前可供使用的有 308nm、222nm、172nm 等，这样可以根据涂料中引发剂的吸收光谱范围来选择发射波长，使紫外灯的发射光谱和涂料中引发剂的吸收光谱匹配性更好，提高固化效率和固化质量。另外，这种紫外灯没有热效应，不会产生臭氧，因而不需要冷却、散热和排气设备，同时提高了紫外灯的使用寿命，所以节能、整体投资小、占地面积小、环保。但这种技术在国内还未见应用于大规模生产。

7.2.3.2 UV固化涂料的固化机理

UV固化涂料通常分为自由基固化体系、阳离子固化体系、阳离子-自由基共引发固化体系及无引发剂的固化体系。它们的固化机理分别如下：

（1）自由基固化体系。自由基引发剂吸收UV后，化学键断裂或发生氢转移反应，产生自由基，该自由基与单体或预聚物反应，引发聚合。

（2）阳离子固化体系。阳离子引发剂在UV的照射下，生成质子酸或路易斯酸，形成阳离子活性中心，进而引发开环聚合。

（3）阳离子-自由基共引发固化体系。自由基固化体系的固化速率快，水对体系没有阻聚作用，但会受氧阻聚的影响，而阳离子固化体系没有氧阻聚影响，但对高温和亲核成分敏感，水对其有阻聚作用，固化速率相对较慢，如果将2种体系混合，就得到阳离子-自由基共引发固化体系。由于这2种引发剂的协同作用，2种官能团同时固化，固化速度可得到有效提高，并可以控制固化膜的硬度、柔韧性、光泽等。例如，含脂环式环氧的丙烯酸酯乙烯基醚、一端为羟基的聚己内酯丙烯酸酯等都适合这种复合固化体系。

（4）无引发剂的固化体系。由于引发剂往往不能反应完全，残余引发剂会引起发黄、老化等诸多问题，而且影响UV固化涂料在食品包装和家具行业中的推广应用。因此自从2002年开发出了第一个UV自固化体系（不需要或仅需少量引发剂的体系），关于这方面的研究日渐增多。这种固化体系中都含有一种新型树脂，该树脂具有特殊的发色团（UV敏感基团），它在UV的照射下不仅可以引发聚合反应，而且也作为齐聚物参与聚合。

这种自引发光固化体系无论应用于低表面能或高表面能表面，其性能都能达到或超过传统光固化体系的涂膜性能，并且在涂层固化后检测不到释放出小分子副产物，所以如果商业化生产，可有望用于食品和医药包装行业，但反应速率较慢，这是目前这种自引发光固化体系亟待解决的问题。

7.2.3.3 UV固化涂料的组成

由UV固化机理可以看出，UV固化涂料体系中包含引发剂（光敏剂）、齐聚物、活性稀释剂、助引发剂等。

（1）引发剂。光引发剂在UV固化体系中的用量只占百分之几，但其价格昂贵，占总成本的1/4~1/3。最初开发的引发剂是安息香醚类化合物，它是自由基引发剂，目前在国内的应用最广，但其存放时间短；使用后在固化膜中常会有残留的光引发剂和未参加引发聚合的光解产物，这些小分子从涂膜中游离出会有毒性；未参与固化的引发剂还使涂膜在长时间日晒后容易发黄、变脆，所以需要有新的光引发剂取而代之。

（2）齐聚物。齐聚物是主要成膜料。丙烯酸酯类是目前使用量最大的齐聚物，20世纪80年代我国引进了第一套丙烯直接氧化法生产丙烯酸的工业设备，丙烯酸酯类齐聚物的开发和生产得以发展，一般有环氧丙烯酸酯、聚氨酯丙烯酸酯、聚酯丙烯酸酯、酚醛环氧丙烯酸酯等。

（3）活性稀释剂。活性稀释剂在降低预聚物黏度的同时，参与共聚反应。活性稀释剂是不饱和单体，常用的有特种丙烯酸酯单体。我国目前生产的活性稀释单体主要有：三羟甲基丙烷三丙烯酸酯（TMPTA）、季戊异醇三丙烯酯（PETA）、二乙二醇二丙烯酸酯（DEGDA）、三乙二醇二丙烯酸酯（TEGDA）、邻苯二甲酸乙二醇二丙烯酸酯（PDDA）、

1，6-己二醇二丙烯酸酯（HDDA）等。单官能团度的活性稀释剂黏度较低、稀释能力强，但固化速率较慢。随着官能团度的增加，交联密度增大，固化速率变快，涂膜硬度增大；但固化时收缩应力增大，涂膜柔韧性降低，附着力降低。通常是几种活性稀释剂混合使用。

（4）颜填料。颜填料对 UV 的吸收、散射、反射会抑制 UV 固化涂料的固化，所以要避免颜填料的吸收光谱和引发剂的一致，通常选用透明性颜料。而添加不透明颜料的色漆的应用受到限制，例如黑色 UV 固化涂料的涂层厚度仅能在 2nm，白色 UV 固化涂料的涂层厚度在 15nm 左右，这使涂料不能满足遮盖的要求，电子束固化可以克服这一问题。

7.2.4 电子束扫描固化

电子束辐射固化技术（简称 EBC）是一种全新的固化工艺。EBC 是以大电流低能电子加速器产生的电子束辐射诱导特殊的卷材涂料在常温条件下瞬间完成固化。其涂料配方不同于一般的卷材涂料，是由预聚物、活性单体及其他助剂组成，当电子束轰击单体时会产生自由基进行聚合。其优点是常温瞬间成膜和涂料组分的 100% 成膜。目前仅有新日铁能以 EBC 工艺生产 0T、2H 的家电彩板，产品牌号为 EBC ELLIOSHEET。

用电子束扫描固化，可以产生超高硬度、加工性也较好的有机彩涂板。由于这种工艺不需要对钢板进行加热因此能耗较低。另外，由于电子束是由外层向内层穿透，因此当涂层较厚时，则会出现涂层固化不完全或涂层对钢板附着力较差的现象。由于在涂料选择上的局限性，电子束固化在我国目前的大型机组中尚未被采用。

7.2.5 电感应加热固化

电感应加热固化是一种较新的加热技术。这种方式是带钢通过由高频线圈产生的高频电场时，由于产生涡流而使带钢升温。带钢可在 18min 左右的时间内由室温升至所需的温度，整个加热固化时间只需 108min 左右。这样就大大地缩短了加热固化时间和加热炉的长度。采用这种方式加热速度快，设备投资少，温度升降易控制调整。即使机组停车时，虽然机组无活套装置，炉内的带钢也不会因过热而将涂层烧焦成为废品。另外，采用这种电热方式，几乎全部电能都转化为热能，所以它的热效率高。由于炉子短，体积小，使回收涂膜在炉中挥发出有机溶剂变得更加容易。特别是在加热固化的过程中，热量由内向外传递，使溶剂的挥发充分，涂膜内层固化充分，附着力较好。

7.3 带钢温度的测量

带钢在炉内应被加热到最高温度，应能保证使涂料固化（或生产复层板时黏结剂的活化）的最低要求温度和维持涂料交联反应所需要的一段时间。为了解带钢在炉内的温度是否能达到这一温度，需要对带钢在炉内的加热过程和温度进行测量[13]。

7.3.1 示温标签测定带钢温度

在带钢进入烘烤炉时，将一个或者一组示温标签，粘贴于带钢表面的适当部位。在带钢通过烘烤炉后，观察示温标签的变色情况。据示温标签的变色情况来判定带钢在炉内曾达到过的最高温度。由于示温标签只能在较小的范围内一次性地显示曾达到过的最高温度。有时要做估计的温度区间内数次试验，才能确定带钢是否已被加热到了指定的温度。因为示温标签只能显示带钢所达到的最高温度，所以并不能了解带钢在炉内的升温过程和升温速度。这样，虽然能知道带钢是否达到了涂料固化所要求的最低温度，但不能确定带钢在炉内达到这一温度前后时间（即在炉内的位置）[14]，所以难以满足生产的要求。

7.3.2　红外线测温仪器测定带钢温度

使用红外线测温仪器可以与带钢不接触的方式对带钢温度进行测量。将红外线测温仪固定在加热炉的相应部位，使采样镜头对准带钢，可以测定带钢在炉内这一位置的温度。还可以获得一段时间内的平均温度值。使用这种方法可以测定炉内多个部位的带钢温度及其平均值。与使用示温标签相比，可以对带钢的热烘烤温度和升温情况了解得更多。但是由于难以过多地设立测温点和红外线测温仪，所以仍不能对带钢升温的连续过程有更详细的了解[15]。

7.3.3　电热偶或测温仪进行连续测温

使用热电偶进行温度测量是一种常用的测量温度的方法。对于带钢表面的测量有固定式热电偶测量和接触式热电偶测量两种方式。

（1）固定式热电偶测量温度。将热电偶或记录式测温仪与带钢以焊接方式相连接。在带钢通过烘烤炉的全过程中，对带钢的温度进行连续的测量与记录，从而得到带钢在烘烤加热过程中的时间-温度曲线。将所得的数据与带钢的厚度、热风温度、涂料的颜色和性质相对照，就可以比较准确地掌握涂层加热的规律。但使用这种方法进行带钢温度测量时，必须在生产线上专门安排并集中一段时间进行试验。

（2）接触热电偶测量温度。在带钢运行中，使用接触式热电偶测温仪器对带钢表面温度进行测量，也是一种方便而可行的方法。特别是便携式的这种测温仪器操作更为方便。在探头与带钢接触时，即可读取数据。使用这种方法时，无法对炉内某个部位的带钢温度进行测量，只能在炉子的出口处对带钢表面进行测量。对设有塑模复层工艺和压花工艺的生产线来讲，为了确保压花产品和压层覆膜产品的质量，必须控制带钢和压层辊的温度在一定的范围之内。所以要在层压辊前测定带钢表面温度，使用接触式热电偶测温仪进行即时的测量，对工艺管理来讲是很方便的[16]。

7.4　涂层烘烤固化后的冷却

带钢表面的涂层在经过加热烘烤之后，虽然已经固化，但是仍具有较高的温度，如果立即进行卷取或二次涂敷，由于涂敷较软而会受到损伤。对于热塑性涂料，温度较高时，将会对炉后导向辊产生粘连并对涂膜造成损伤。因此，在带钢离开烘烤炉而达到炉后的导向辊之前，要对表面进行冷却，以适应连续生产要求。

带钢在炉内温度一般达到220~250℃，如需进一步进行涂敷或卷取，需要把温度降到50℃以下。由于受空间和时间的限制，必须在较短的时间内完成这一过程。但是，过快的冷却又会给质量带来不利的影响。由于涂膜温度比较高，如果一开始就急冷时，往往会在涂层中形成气泡而导致废品的产生。特别是生产使用 PVC 涂料产品时，急冷还将影响带钢与涂层之间的黏附性[19]。因此，在对带钢进行冷却时，往往采用多种方法共用的方式。当带钢出炉后，温度较高时，先采用风冷。利用温度为室温的冷风通过风冷器吹向带钢，使带钢的温度由出炉时的温度降低 30~40℃，然后采用水冷，加快带钢冷却的速度。根据具体情况，可以采用喷雾冷却与喷淋冷却相结合或直接喷淋冷水冷却。冷却装置的第一段为风冷装置，第二段是喷水冷却。之所以这样，是因为涂层带钢从烘烤炉出来时温度较高，如果在第一段用急冷的话，往往会在涂层中形成气泡而导致废品产生。特别是对于 PVC 涂料，急冷还会影响涂层与带钢的黏附性。第一段风冷器的风压力为 980Pa，风量 400m³/h，风温为室温。带钢经过风冷后温度便会降低 30~40℃，如从 260℃ 降到 220~230℃。尽管采用风冷是最适合的方法，使用水冷缓冷也可以达到同样的要求。

第二段用水冷。冷却水循环使用，水温 40~50℃，喷水压力 2.5Pa。此循环冷却装置，若冷却水循环量为 50~70m³/h，每小时补充水量 1~1.5t。循环系统带有过滤器，以防水中含杂质。在这里，对水中含钙要求很严，若有钙沉积在表面，涂第二层时就会黏附不好。因此，这里的水需要不含钙的全脱盐水。另外，硬水形成水垢也会影响喷淋管路和喷嘴的流畅。

在喷水冷却后面设有两个挤干辊组，一组工作，一组备用。从连锁上讲，只有挤干辊组闭合到一定压紧程度时，水冷段才启动。

一般带钢经过喷水冷却后，温度能达到工艺要求，但为了达到下步的要求，应将带钢表面的残水挤净，吹干。

思 考 题

7-1　彩涂生产中涂料固化成膜的机理是什么？

7-2　涂层机组哪些设备具有加热功能？

7-3　热风固化炉主要由哪几部分组成？

7-4　热风固化炉必须具有哪些安全措施？

7-5　热风固化炉操作应注意哪些安全问题？

7-6　影响涂料固化的因素有哪些？

7-7　固化加热炉具有哪几种形式，各自具有哪些特点？

7-8　涂料固化过程固化炉起到哪些作用？

7-9　红外加热固化、紫外加热固化、电感应加热固化在机组设备中有何区别，固化机理有何区别？

7-10　涂层烘烤固化后的冷却分几个阶段，各阶段的工艺特点是什么？

8 复层及压花等后处理工艺

8.1 复层钢板的应用及工艺

金属板复层技术是把塑料膜和金属板通过高温热压，将膜贴在金属板上的加工技术。覆膜技术在 1977 年诞生于日本，最初用于制罐，可代替内涂、外涂技术，到现在为止已发展到了建材内外装饰装修、家电、汽车等多个领域。覆膜加工由于不使用黏着剂、溶剂，因此不含甲醛，且塑料膜可经过美化装饰、抗菌、防染等处理，确保了人体的安全性和健康，同时又起到了环保的作用。

8.1.1 复层板的特点

复层板是比传统印涂板更具优良的耐深冲、耐磨、耐腐蚀和装饰性等特点的一种兼有高分子树脂薄膜和金属板材双重特点的金属材料。这一特点决定了覆膜板可以使用冷轧板作为基材，快速与套印精确的印刷薄膜复合，因此，覆膜板大大降低了材料成本。

8.1.1.1 复层板具有优良的性能

（1）复层板的耐腐蚀、抗锈蚀等特性，是涂料板不能比拟的。因为是塑料薄膜层的复合板，所以涂料板存在耐腐蚀性和附着力的矛盾，对于复层板而言就是轻易解决了，对番茄罐、二片罐等食品罐来讲，复层板是理想的材料。

（2）复层板外观光洁、爽滑、装饰性好、手感好。

（3）复层板化学稳定性好、耐候性能、耐老化，可以适应恶劣的环境而不会发生脱落和锈蚀。

（4）复层板加工性能优良，具有耐深冲、耐磨，在加工中不易破损。由于其表面光滑，有润滑作用，在金属罐的加工中更易成型。

8.1.1.2 复层板材料成本更低

（1）由于复层板是一种兼有塑料薄膜和金属板材双重特点的金属材料，因此，一般情况下，不必用镀锌板作为基材去生产复层板。采用冷轧板覆膜，其成本优势是显而易见的。

（2）复层板的生产是卷板连续高速的生产流水线，与传统的彩涂工艺相比，生产速度快 3 倍。

（3）复层板的生产工艺，由于印刷塑料膜和覆膜均可一次完成，因此与传统彩涂工艺相比，具有能耗低、速度快、用料少的特点。

（4）金属板覆膜设备操作简单、维护方便。传统的镀锌板印刷和涂装全靠技术操作人员的经验控制各道工艺，而复层板生产工艺和设备简单，生产全过程都有自动控制，操作维修方便，不需特别专业培训就能掌握生产和维护技术。

（5）与传统的镀锌板印刷涂装相比，设备更少、投资更小、占地面积更小、使用工人更少，从而节省了大量的设备投资和人力成本。

8.1.1.3 复层板环保、节能和卫生

（1）复层板的生产是无溶剂和废气排出的，也不需要涂料烘干，对环境的污染更少，对能源的节约也是非常明显的。

（2）由于覆膜板不采用化学涂料和油墨，而是采用塑料薄膜进行热复合，所以覆膜板不含对人体有害的各种化学物质。不使用黏着剂、溶剂，确保了人体健康、安全，解决了环境激素、挥发性有机化合物的问题。

（3）不含酞酸、苯二甲酸酯类等有害物质，能以再生资源充分使用。在制造时减少二氧化碳的产生，资源再生时不产生二恶英。废覆膜铁罐作为铁资源再利用，回收率100%，膜与铁一起回收再利用处理时，因加热，膜燃烧变成了水和 CO_2，这一部分转化为天然气，作为铁加热时的动力能源来利用。废膜也可作为再生而利用。

8.1.2 金属板复层工艺

8.1.2.1 复层板的材料

（1）复层板的基材。可用作复层板的基材非常广泛，有镀锡薄钢板、镀铬薄钢板、冷轧薄钢板、铝板、不锈钢板、铜板等。

（2）复合薄膜。根据不同的使用要求，复合薄膜的材料也非常广泛，有聚氯乙烯（PVC）、聚丙烯（BOPP）和聚酯（PET）薄膜等。其中，BOPP薄膜（15~20pm）柔韧、无毒性，而且平整度好、透明度高、光亮度好，并具有耐磨、耐水、耐热、耐化学腐蚀等性能；此外，它的价格便宜，是复层工艺中较理想的复合材料，有PP、PE、PET等。

8.1.2.2 金属板复层工艺

金属板复层方法就是把金属薄板先经过表面预处理后，在复合机上与塑料薄膜进行热压复合而成。在连续的彩色涂层钢板生产线上，可以通过在生产线上增设复层辊压设备来进行复层钢板的生产，这样就可以在同一条生产线上生产多种产品。在生产复层钢板时，在精涂机上进行胶黏剂的涂敷，胶黏剂的干膜厚度控制在 $5~20\mu m$。然后在烘烤炉中进行活化，塑料膜卷在开卷后经过转向和展平，被层压辊压合在带钢上，经冷却到50℃时就可以卷取。

生产复层钢板也有专门的复层钢板生产线。带钢在经过表面清洗和表面化学处理后，在表面涂敷胶黏剂，进行加热活化，使用与上面所述的设备层压覆膜。

复层采用的复合机组如图8-1所示。在生产薄膜复层钢板时，在第二号涂层机（精涂）对带钢表面涂敷胶黏剂。带钢在涂敷胶黏剂后进入烘烤炉中活化，然后使它经过适当的空气冷却，降至一定温度，在一定的板温下进行覆膜。板温的控制是根据所覆的有机薄膜或使用的胶黏剂来确定的，如使用有机薄膜时，聚氯乙烯（PVC）膜为150℃、聚氟乙烯膜为195~250℃、丙烯基膜为200~230℃。

在层压复合后需要很快地冷却，所以从复合辊到冷却装置的距离不宜过长，一般为1.5m，在炉子的出口与冷却装置之间不设支承轴。因为带钢在炉内受热而展宽，突然遇冷而收缩，以及辊子不断升温，都会对膜层造成划伤或印痕，所以首先进行空气冷却缓慢降温。

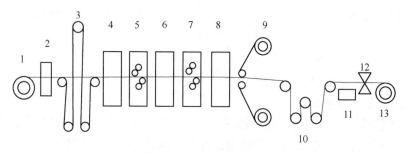

图 8-1　复合机组示意图

1—开卷机；2—焊接机；3—活套；4—预处理；5, 7—辊涂机；6—固化加热炉；
8—固化加热炉；9—复合机；10—活套；11—检验台；12—剪切机；13—卷取机

复层辊的下辊采用液压压上，为了使薄膜附着得牢固，复合辊对薄膜和带钢有一定压力。在复层时，复合辊的压力一般在 50~300N/cm 带宽。根据膜的不同，压力也有所不同，有的资料介绍，在使用聚氯乙烯薄膜时，压强为 0.4~0.9MPa，使用聚氟乙烯薄膜时，压力为 50~350N/cm 带宽，使用丙烯酸薄膜时，压力为 100~150N/cm 带宽。辊缝的调节由下辊的升降来实现，在复合辊前设有一个接头探测器，当接头到来时发出指令，下辊下降让过接头后再回升到原位。薄膜在通过复合辊（也称层压辊，故复层板有时也称层压板）与带钢之间时，被压在带钢表面，为了保证全面受力而采用衬橡胶的钢辊。由于带钢有一定的温度，一般采用的是衬有机硅橡胶的钢辊。这是因为硅橡胶既具有较好的弹性，又具有较好的耐热性能，不易发生胶层自辊芯上脱落的现象。为了使辊子不致发热，辊芯要通水冷却。上下复合辊均无传动，而是靠带钢同步拖动。

8.2　复层的质量要求

8.2.1　覆膜工艺对塑料薄膜的质量要求

覆膜工艺对塑料薄膜的质量要求是：厚度直接影响薄膜的透光度、折光度、薄膜牢度和机械强度等，根据薄膜本身的性能和使用目的，覆膜薄膜的厚度以 0.01~0.02mm 之间为宜。须经电晕或其他方法处理过，处理面的表面张力应达到 4Pa，以便有较好的湿润性和黏合性能，电晕处理面要均匀一致。透明度越高越好，以保证被覆盖的印刷品有最佳的清晰度。

透明度以透光率即透射光与投射光的百分比来表示。PET 薄膜的透光率一般为 88%~90%，其他几种薄膜的透光率通常在 92%~93% 之间。良好的耐光性，即在光线长时间照射下不易变色，具备一定的机械强度和柔韧特性，薄膜的机械强度包括抗张强度、断裂伸长率、弹性模量、冲击强度和耐折次数等项技术指标。

几何尺寸要稳定，常用吸湿膨胀系数、线膨胀系数、热变形温度等指标来表示。覆膜薄膜要与溶剂、黏合剂接触，须有一定的化学稳定性。外观膜面应平整、无凹凸不平及皱纹，还要求薄膜无气泡、缩孔、针孔及麻点等，膜面无灰尘、杂质、油脂等污染。厚薄均匀，纵、横向厚度偏差小。因覆膜机调节能力有限，还要求复卷整齐，两端松紧一致，以保证涂胶均匀。当然，成本要低。

8.2.2 覆膜工艺对胶黏剂的质量要求

国内使用的黏合剂的品种较多，主要有聚氨酯类、橡胶类以及热塑高分子树脂等。其中以热塑性高分子类胶黏剂使用效果最好。溶剂型黏合剂应用较广泛，常用的溶剂有酯类（如醋酸乙酯）、醇类、苯类（如甲苯）。溶剂型黏合剂有单组分和双组分之分。单组分黏合剂使用方便、成本较低，虽黏结强度略低于双组分黏合剂，但可以采取其他工艺措施加以弥补，使用较普遍。双组分黏合剂虽黏结强度较高，但成本高，使用较麻烦。

各种黏合剂应符合以下要求：色泽浅、透明度高；无沉淀杂质；使用时分散性能好，易流动，干燥性好；溶剂无毒性或毒性小；黏附性能持久良好，对钢带、塑料薄膜均有良好的亲附性；覆膜产品长期放置不泛黄、不起皱、不起泡和不脱层；具有耐高温，抗低温、耐酸碱以及操作简便、价格便宜等特点。单组分的黏合剂可直接使用。双组分或多组分黏合剂，一经混合后即进行反应，而且黏合剂的黏合力随贮存时间的增加会因表面老化而下降。所以，配制好的黏合剂不宜长时间贮存，应当天用完。覆膜质量的好坏与黏合剂的配制质量优劣有很大关系，配制时要细心谨慎。

8.3　涂层的印花与压花

彩涂印花产品就是通过彩涂印花工艺在彩涂钢板上印出各种花纹或图案的产品品种。而彩涂印花工艺就是在涂装生产中，依据要求花纹和产品类型的不同，在一个或多个涂装设备上利用带有凹状花纹的印花辊和其他设备将花纹精确传布到涂敷辊上进而准确涂敷到带钢上并进行适当次数和程度烘烤的综合工艺。图 8-2 所示为印花彩涂板的涂层结构。

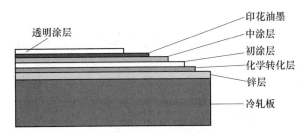

图 8-2　印花彩涂板的涂层结构

国内外印花彩涂板的生产工艺通常是用单独的专用机组完成，一般根据不同花型经 3 道以上的涂敷工艺，涂头和固化炉也相应多 1~2 套。彩涂印花产品的生产工艺可采用 2 涂 2 烘、3 涂 2 烘等工艺。图 8-3 所示为带博士刀的印花机示意图。与彩涂机不同的是，在印花机组中必须配有刮刀（博士刀）。

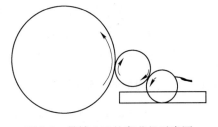

图 8-3　带博士刀的印花机示意图

在实际生产调试阶段，主要对彩涂印花板系列产品涂装和固化等工艺进行分析研究，对生产印花板的各涂机涂装压力、辊速、膜厚及搭配、博士刀的设定调整、各涂层固化曲线工艺等开展初步研究，初步确定大致范围及制定预案。在设备安装初步调整后，开始工艺设备精确调整。实际生产状态的印花机如图 8-4 所示，其生产的彩涂印花产品技术性能见表 8-1。

图 8-4 印花机实际状态侧面图

表 8-1 彩涂印花产品技术性能

测试项目	测试方法	实 际
颜色	目视及样板对照	合格
光泽	光泽仪（60°）	87.8
铅笔硬度	中华铅笔	H
膜厚	磁性测厚仪	21
反向冲击	GB/T 1344892	9J
弯曲性能	GB/T 1344892	2T
MEK	测试仪	>100

8.4 影响彩涂印花质量的工艺因素

8.4.1 印花辊的质量

印花辊的花纹部分是由被蚀刻或雕刻为蜂窝状细小凹坑的辊面部分组成的。在生产过程中，印花辊提取油墨，多余的油墨使用博士刀刮回油墨盘。辊面部凹坑的残存油墨被转移至涂层表面形成印花。本工艺采用的为凹版印花辊，其产品特点是图案质感强、质量好、层次丰富、色彩鲜艳，适用于木纹图案的生产。同时转印辊必须具有合适的弹性系数、良好的着墨性能；耐溶剂性能强、硬度合适且各方向硬度变化均匀；转印辊圆度和圆柱度必须精确且变形量要尽量小。

8.4.2 博士刀装置的选择

由于印花过程中博士刀装置直接起着形成花纹的作用，博士刀应具备良好的平直性和合适的弹性、一定的硬度、优异的耐溶剂腐蚀和耐摩擦性。在选用博士刀时，除要依据线速度、花纹、辊径及粗糙度等因素综合考虑形状及材质外，还要考虑到博士刀的平滑性、一致性、稳定性、易操作性和好的刮擦性能等因素。

8.4.3 印花基板的选择

由于印花工艺采用转印法，因此对转印辊和印花基板的要求较高。在生产过程中，关键一项是转印辊和基板的压力调整。压力太小，图案发虚；压力太大，则会造成图案失真变形。由于转印辊采取的是原涂辊，材质和硬度等已固定。因此，对基板的表面粗糙度和平整度提出较高要求，如果粗糙度过大或板厚度不均匀，会使压力分布不均，从而造成膜厚不均，形成色差[12]。

8.4.4 涂料的选择

各层涂料的类型选择和色彩搭配很重要。由于印花产品的印花层一般为油墨，因此印花产品除对各层涂料有常规要求外，还要求油墨颗粒细度和分散性高，耐冲击好，附着力强，耐热、耐光、流动性、干燥性、耐溶剂性、耐湿压湿涂性、耐加工性能优异；同时对清漆的选择也较严格。因为涂料的质量会直接影响到整体印花的表面质量和性能[13]。

8.4.5 涂料膜厚选择控制及其黏度选择

各层涂料黏度和膜厚选择及控制技术也是印花工艺的难点。试验中发现，应适当提高油墨黏度，因为一方面要求油墨的溶剂挥发性能尽可能的高，但又要求油墨的膜厚极低，因此在控制油墨黏度的基础上还要通过湿膜厚度合理控制其干膜厚度。此外还应注意各层的膜厚和色彩的搭配关系。

8.4.6 各层涂料固化干燥曲线的设计和搭配

由于本工艺采用的是三涂二烘工艺，因而对各涂层间的固化工艺搭配提出特别的要求。在设定炉温及决定最终使用的 PMT 时，要考虑油墨与底色漆的附着力和油墨与清漆的不黏合能力，同时要考虑到高光泽清漆对固化的要求。

8.4.7 博士刀装置的精确安装和设备调整

首先应在印花辊安装完毕并仔细检查保证印花辊表面无严重损伤后，再安装并调整博士刀。调整时要特别注意印花辊的表面保护，尽量减少博士刀的磨损。在将博士刀安装到加固装置之前，首先确认博士刀本体的各项性能合格，保证其有足够的硬度和平直度；要仔细检查加固装置的清洁性，保证无铁屑、油墨及灰尘等杂物。在生产过程中还要随时检查博士刀系统在宽度方向上高度的一致性[14]。

8.4.8 各辊辊速的搭配选择

印花花纹的形成过程要求印花辊与转印辊之间、转印辊与带钢之间同速旋转。若印花辊与转印辊速度存在差别会导致花纹的图案杂乱，易出现重影或污点；若转印辊和带钢之间的速度存在偏差，则会导致带钢上的图案离散，失去优美感。

8.4.9 辊缝及压力调整

应尽可能减小辊缝及压力，否则可能会导致由于橡胶转印辊将印花辊图案凹槽内的油墨挤出而使印花生产失败。为此，一方面在涂机控制模式上改用辊缝控制模式，使印花工艺各辊间采用位置方式控制；另一方面，通过微调节压力，用压力的低值来反馈监控实际位置。

8.4.10　博士刀的工艺调整

通过博士刀与印花辊来调整印花效果，首先需要在低速下缓慢调整博士刀及各辊相关工艺参数；博士刀要与印花辊接触时，印花辊绝不能无油墨运行，否则会导致印花辊的过度磨损，而且也会导致博士刀可能的损伤。同时，在接触印花辊时，要使花辊与博士刀的压力尽可能的小。

持续开发彩涂新产品以满足市场需要是一个长期的课题，印花彩涂产品的开发工作虽然取得一些成绩，为国内外同行提供了参考。但还存在生产经验不足，品种尚未成系列等一些问题，同时对于印花各层产品膜厚的搭配控制等工艺还需进一步优化改进[15]。

由于国际普通彩涂板市场竞争的日趋激烈，国外各大彩涂钢板生产厂家已将重点放在生产及开发高档次、特殊品种、高技术含量、高附加值的高端产品。而国内普通品种低端产品产量多，竞争激烈，而高档次、特殊品种、高技术含量、高附加值的高端产品却不能生产或产能不够。对于彩涂钢板生产企业来讲，当前急需的是加大高档次彩涂钢板的质量及品种研制开发力度，持续走与上下游用户共研共赢的发展之路。本钢彩涂印花产品工业生产研究成功，作为国内彩涂生产企业在彩涂高档次特殊品种高技术含量的高附加值高端产品的探索为国内同类型机组生产高档次产品提供了良好的范例。相信在不久的将来，随着人们对建筑及家电产品的要求越来越高，随着相关行业的快速发展，对高档彩涂板的品种及性能要求也越来越高，量也越来越多。彩涂印花板必将呈现出巨大的消费市场[16]。

8.5　彩色涂层钢板的涂蜡与覆膜

8.5.1　彩色涂层钢板的涂蜡

彩色涂层钢板在进行压型加工，特别是进行形状比较复杂的压型加工时，断面各部位的线速度和变形量不同。如果采用覆膜保护时，在这种情况下，压型加工会导致保护膜的折皱和损坏。如果覆膜的目的只是为了一般的防止污染和磨伤，则可以考虑采用成本远比覆膜低的涂蜡形式来对涂层板表面进行保护。涂层板表面的蜡膜不仅在彩色涂层钢板的运输和施工过程中起保护作用，而且在进行压型加工时，蜡膜也有一定的润滑作用[17]。

对彩色涂层钢板表面涂蜡有喷涂和辊涂两种方式，分别采用不同的设备来实现。

利用辊涂方式涂蜡机对带钢表面进行涂蜡，这种辊涂机和辊涂式预处理机的结构与原理相似。采用辊涂方式涂蜡，可以防止蜡雾的扩散，不用定期清理涂蜡机。但是，这种方式的设备投资比喷涂方式高，且涂的蜡膜较厚。目前采用水溶性乳化石蜡进行辊涂，可以适当地减少蜡的消耗量，但是在涂蜡后要吹干乳化石蜡中的水分。

8.5.2　覆保护膜

在涂层板表面覆保护膜，也可以在彩色涂层钢板生产线设置的覆膜机上进行。在带钢由烘烤固化炉出来之后而贴合在带钢表面上。但是这样做，对温度控制要求比较严格，如温度过高，会出现在剥离保护膜时，同时将涂层粘掉的危险。因此，通常不采用这种方法，而是采用在室温下贴可剥性保护膜，这样比较安全。

根据保护膜所具有的保护性能和加工、使用时对保护膜的要求，保护膜应具有如下的性能：应具有足够的强度，在温度为 40～70℃ 的范围内性能稳定，耐磨性、抗腐蚀性好，无毒性，化学稳定性好；剥除后的膜易销毁处理；不受胶黏剂的影响，也不影响涂膜，价格便宜，易于生产。除了对保护膜的性能要求较高之外，对膜的质量要求也比较严格，如要求平直度高，不起折皱，膜厚为 50～80μm，厚度公差为 ±4μm。对于所用的胶黏剂，则要求有较好的黏合力。在 70℃ 或在紫外线照射下（日光照射下的环境）仍能维持黏合力长期不变，耐老化能力较强。为了提高耐老化能力和抗紫外线能力，保护膜也可以采用不透明的膜或者在膜中加入紫外线稳定剂。除了聚氯乙烯有机溶胶或塑料溶胶涂层之外，所有的涂层上都可以用胶黏剂贴覆可剥性保护膜。所覆薄膜的宽度一般都比带钢宽 40～50mm，之所以要求它比带钢宽，是为了在运输过程中带边会受到膜的保护而不致受到损伤。对于聚氯乙烯（PVC）涂层，如果黏合保护膜，黏结剂容易对 PVC 表面产生粘连或污染，所以往往用其他方法来代替黏接方法。有一种静电覆膜法，是以毛刷辊磨刷 PVC 涂层表面，使之产生静电，然后将防护膜压附在 PVC 涂层表面上。在使用、施工之后再将保护膜撕下来。

薄膜材料大多采用聚乙烯，胶黏剂用聚丙烯和聚氨酯类。在实际制造中，这两种胶黏剂中都要加附加剂以改善其黏附性能。就耐久、耐热和耐光性而言，聚丙烯要比聚氨酯好些。

可剥性薄膜贴合在涂层板上，在 70℃ 或紫外线照射下，可保持一年内黏附力不变，并可以完整地剥下。但是一般只能在涂层板表面黏附 6 周。若遇太阳照射，这个时间还要缩短。因为在这种情况下胶黏剂会很快老化，薄膜本身也老化，胶黏剂有可能留在涂层表面，也可能薄膜、胶黏剂和涂层互相间起化学反应而粘在一起，在剥落时会将涂层撕坏。

为了能有效地保护涂层带钢表面不受擦伤，最薄的薄膜不能小于 0.05mm 厚，而用 0.08mm 厚的薄膜最好，但材料费要提高将近 50%。

为了抗紫外线照射，薄膜可以带颜色，如 100t 原料加紫外线稳定剂，就能使薄膜具有一年的寿命，而不加颜料的寿命只有 3 个月（指抗阳光照射）。

除了 PVC 有机溶胶和塑料溶胶涂层以外，任何涂层上都可贴覆可剥性薄膜。在一般情况下，可剥性薄膜的宽度要比带钢宽 50mm，一边超出 25mm。待操作熟练以后，每边只留 5～10mm 就可以。但是薄膜一定要覆盖带钢。这样做的好处是，当贴覆可剥性薄膜的带卷立放或立式运输时，带卷边部可由薄膜保护起来，不至于损伤带卷边。在现代化连续涂层机组上，贴合可剥性薄膜时的最大带速可达 120m/min，因此薄膜带卷都较大，长度可达 1000m 以上，质量约 120kg。此种薄膜的存放要求较高，例如存放温度要求 18～20℃，相对湿度 40%～50%。室内存放可达 6 个月，若在温度低于 40℃ 以下存放则不能超过 2 个月。在贮存中，成卷的可剥性薄膜（最大直径 600mm、宽度 1600mm，重达 400 多千克）必须放在带悬臂的架子上以避免重压。

思 考 题

8-1 用作生产彩涂板的复层板在生产中具有哪些优良的性能？

8-2 金属板复层的主要工艺是什么？

8-3 覆膜工艺对塑料薄膜的质量要求是什么？

8-4 覆膜工艺对胶黏剂的质量要求是什么？

8-5 彩涂印花工艺的主要设备有哪些，各自具有什么作用？

8-6 影响彩涂印花质量的工艺因素有哪些？

8-7 生产彩涂印花板涂料的选择原则是什么？

8-8 生产彩涂印花板的过程中博士刀工艺的选择和调整原则是什么？

8-9 彩色涂层钢板的产品为何要进行涂蜡或覆膜处理，分别有什么特点？

9 彩色涂层钢板生产中的安全与环境保护

9.1 彩色涂层钢板的生产安全

9.1.1 涂层装备防爆及涂料的爆炸极限

在生产彩色涂层钢板时使用的涂料中，绝大多数为含有机溶剂涂料。涂料中的有机溶剂含量一般在40%~50%。这些溶剂一般都是低沸点、易挥发、易燃、易爆物质。用于钢板的涂层剂有聚丙烯酸酯（PA）、聚氯基甲酸酯（PU）、聚氯乙烯（PVC）、聚乙烯（PE）等。使用不同的涂层剂，所得到的涂层钢板表面的涂膜性能各不相同，因而使涂层钢板具有不同的性能。

涂层剂分为两大类，即溶剂型和水系型。溶剂型涂层混合溶剂，如PA剂一般用甲苯、乙酸乙酯或丙酮，易燃、有毒。由于对钢板渗透性强，为什么在涂层工艺中仍常用呢？这是因为溶剂型涂层剂的成膜性能与钢板黏着力都较水系型好，涂层后的钢板耐水压高，一般工艺中，通过选择较适宜的柔软剂，半制品经压光处理增加经、纬密度及合理的涂刮上浆等改善产品的手感。但溶剂型的涂层剂，使工艺过程存在爆炸隐患，这就要求涂层装备按易燃、易爆的生产设备具有防爆的措施，以利安全生产。

可燃物质（可燃气体、蒸气和粉尘）与空气（或氧气）必须在一定的浓度范围内均匀混合，形成预混气，遇着火源才会发生爆炸，这个浓度范围称为爆炸极限，或爆炸浓度极限。例如，一氧化碳与空气混合的爆炸极限为12.5%~80%。可燃性混合物能够发生爆炸的最低浓度和最高浓度，分别称为爆炸下限和爆炸上限，这两者有时也称为着火下限和着火上限。在低于爆炸下限和高于爆炸上限浓度时，既不爆炸，也不着火。这是由于前者的可燃物浓度不够，过量空气的冷却作用，阻止了火焰的蔓延；而后者则是空气不足，导致火焰不能蔓延的缘故。当可燃物的浓度大致相当于反应当量浓度时，具有最大的爆炸威力（即根据完全燃烧反应方程式计算的浓度比例）。

混合系的组分不同，爆炸极限也不同。同一混合系，由于初始温度、系统压力、惰性介质含量、混合系存在空间及器壁材质以及点火能量的大小等都能使爆炸极限发生变化。一般规律是：混合系原始温度升高，则爆炸极限范围增大，即下限降低、上限升高。系统压力增大，爆炸极限范围也扩大。容器、管子直径越小，则爆炸范围就越小。可燃性混合物的爆炸极限范围越宽、爆炸下限越低和爆炸上限越高时，其爆炸危险性越大。这是因为爆炸极限越宽，则出现爆炸条件的机会就多；爆炸下限越低，则可燃物稍有泄漏就会形成爆炸条件。常用有机溶剂爆炸极限见表9-1。

表 9-1 常用有机溶剂爆炸极限

溶剂名称	爆炸下限/%	爆炸上限/%	溶剂名称	爆炸下限/%	爆炸上限/%
松节油	0.8	60	乙酸乙酯	2.2	11
二甲苯	1.1	7	丙酮	2.55	12.8
甲苯	1.27	7	乙醇	1.3	19
汽油	1.3	6	环己酮	3.2	9.0

爆炸上限越高，则有少量空气渗入容器，就能与容器内的可燃物混合形成爆炸条件。应当指出，可燃性混合物的浓度高于爆炸上限时，虽然不会着火和爆炸，但当它从容器或管道里逸出，重新接触空气时却能燃烧，仍有发生着火的危险[7]。爆炸极限的单位气体或蒸气的爆炸极限的单位，是以在混合物中所占体积的百分比（%）来表示的，如氢与空气混合物的爆炸极限为 4%~75%。可燃粉尘的爆炸极限是以混合物中所占体积的质量比 g/m^3 来表示的，如铝粉的爆炸极限为 $40g/m^3$。

根据爆炸原理，当混合气体中可燃气体含量和混合气氛中的氧气含量都同时处在发生爆炸的范围内时才有发生爆炸的可能性。

一般可以通过两种途径来防止爆炸的发生。一种方法是控制烘烤固化炉内气氛的有机溶剂含量，使它处于可燃物的爆炸极限的下限之下，如 1/4、1/6，甚至 1/8 以下，这样可以消除爆炸的危险。另一种防止爆炸的方法是控制炉内气氛的含氧量，使炉内气氛的成分不落入爆炸区。在生产中通常是采用所谓惰性气体循环方式来进行的。

易燃、易爆气体与空气混合即成为具有爆炸危险的混合物，使其周围空间成为具有相同程度爆炸危险的场所。一旦这些混合物达到爆炸浓度，在烘房内加工的制品因烘燥、导布摩擦产生的静电及各种电气仪表、设备产生的火花作用下就容易引起燃烧和爆炸。

9.1.2 涂层机室与防火

一般情况下，在彩色涂层钢板生产线上，一般都设有辊涂机室。其目的主要有以下几方面：首先，做好防尘工作，可以防止灰尘落入涂料、落在带钢表面以及涂敷辊上；其次，保持环境稳定，便于保持辊涂机区域的清洁，利于保持室内温度的稳定和涂料黏度的稳定，从而利于获得均匀的涂层；最后，做好环保防火，由于涂料的循环，辊涂机辊子的搅拌和转动，涂敷于钢板表面后涂料表面积的增大，从而有大量有机溶剂从涂料中挥发出来，使得涂层机室内空气中有机溶剂含量较高，使工作人员在严重污染的环境中工作，同时也增加了着火的可能性。

为了消除涂层机室内空气中的有机溶剂，一般在涂层机室内装有排风和送风系统。排风系统一般由底部向外抽风，而经过过滤的新鲜空气则由涂层机上方送入。一般采取的防火措施为：电动机一律要采用防爆型电动机；吊车要用气动式的；传动机械尽可能地在室外；配备必要的灭火措施，室内设有灭火系统，包括火灾的自动报警、自动消火和灭火剂的供给系统等，以防事故发生时得不到急救。

9.1.3 涂线固化炉的安全使用

在彩涂生产线上，固化炉发生爆炸、爆燃会严重影响生产，甚至危及人身安全。发生这种情况多半是对设备状态及油漆安全生产工艺缺乏深入了解。为尽量避免或减少类似事件的发生，针对油漆结构、爆炸及爆炸极限，进行了综合分析。固化炉之所以有爆炸的安全隐患，是因为涂料（油漆）中包含有机溶剂，它在固化炉中会全部释放出来，存在于高温的炉膛内。而且彩涂线的固化炉多采用直接加热方式，在燃烧室内有高温火焰，只要浓度极限达到了，爆炸随时可能发生。

为避免该现象的发生，所有的固化炉均采用补充新鲜空气、排出炉内含溶剂空气、稀释有机溶剂浓度的办法，控制炉内浓度在爆炸下限以下。由于炉内气体温度很高，对它的排放必然加大能源的消耗。从节能的角度出发，又应尽量减少它的排放。这是一对无法调和的矛盾。要想在实际生产中，既保证安全性，又尽量降低生产消耗，就必须对固化炉的工作原理、所使用涂料的化学组成、实际生产的工艺数据有充分的了解，通过计算和测试，在两者之间取得某种平衡[4]。

9.2　彩色涂层钢板的环保及三废处理

9.2.1　涂层车间的主要污染源

目前，国内外的彩色涂层钢板的生产企业中，涂装车间一直是机械工厂中污染因子较多、较复杂的车间环境，因涂层材料多为有机物，产生的污染源可能会间接产生与人身安全相关的二次污染。

近年来，随着人们对环境要求的凸显，国家陆续出台了《循环经济促进法》《清洁生产促进法》等法律规定，其目的就是要求企业节能减排，引导企业向着绿色环保的生产工艺发展，从而新型的复合材料及可降解无毒无害的材料便孕育而生，在我国彩色涂层钢板的生产过程中仍然以溶剂型涂料为主，特别是表面喷涂，涂料的使用量很大，在实际施工过程中溶剂的挥发和浪费也较多，造成大量涂料的浪费及效率的低下，给后续的三废处理造成了很大压力。

图 9-1 给出了正常空气喷涂时产生有害物质的基本过程，表 9-2 给出了空气喷涂过程

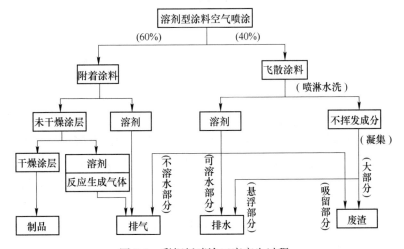

图 9-1　彩钢板喷涂三废产生过程

中产生的有害物质。从图 9-1 和表 9-2 中可以看出，在彩涂钢板的生产过程中，干燥的涂料量仅为涂料使用量的 30% 左右，其他 70% 的涂料在生产过程中均变成了三废，车间不经过处理，直接排入大气的有机溶剂能够达到 40%，高压喷涂和静电喷涂最高可达到 60% 和 80%。

表 9-2　彩钢板喷涂有害物质的产生量

项　　目		涂料使用量	干燥成膜量	淤渣	循环水	通风	
						喷漆室	烘干室
涂料		100					
成分	颜料	25	15	10			
	树脂	25	14~14.5	10			
	溶剂	50		约 10	2~5	17~20	18
	反应气体						0.5~1.0
合　计		100	29~29.5	30	2~5	35.5~39.0	

在涂装过程中首先会经过热处理除去工件表面的油污、锈蚀等杂质，经过各类喷涂设备及喷涂工艺对工件进行处理，由此会产生废酸、废水、废碱、重金属离子、含磷有机油水混合液、油漆、各类废渣等污染物，其中磷化渣（HW17）、油漆废渣（HW12）均属于高危险固体废物。基于以上这些污染物，涂层车间的三废处理显得尤为重要，要同时处理一个车间的三废污染物，工序复杂、情况多变，因此要结合实际情况和生产工艺，明确污染物的种类、形态、分布特点和性质，从而采用合适、经济的治理措施和治理方案。

9.2.2　彩色涂层钢板产生的主要废气及处理

在彩色钢板喷涂的过程中，使用热风式加热炉，特别是采用前述那种以降低有机溶剂含量作为预防爆炸的手段时，废气中含有大量的有机溶剂。如果从烘烤固化炉中抽出并排入大气，将会对环境造成污染。另外，这种废气仍处于较高的温度（一般在 350℃ 以上），如果从烟囱中排放，也将携走大量的热能。这样烘烤固化炉的热效率就变得比较低，一般只有 10%~15%。

20 世纪 70 年代以来建立的彩色涂层钢板生产线大都是采用了炉气循环和二次焚烧的先进技术[10]，利用废弃的热能，并将废气中的有机溶剂加以焚烧，使之产生热能并加以利用，同时也防止了对环境的污染。

含有有机溶剂的废气以及由涂层机室抽出的含有有机溶剂的空气，由管道汇集再经过热交换以提高其温度，然后进入焚烧炉与燃料一起燃烧。产生的高温气体，在经过热交换器对含有有机溶剂的容器预热后，大部分被送往烘烤固化炉内对带钢进行加热，少部分通过烟囱排除。这部分气体在排放前，还可以再次通过一个热交换器吸收其一部分热量，这种系统的温度、风量参数都是自动控制的。采用这种烘烤固化炉及焚烧系统，可以防止对环境的污染，提高烘烤固化炉的热效率。

由于在彩色涂层钢板的生产中，使用不同的涂料涂敷和固化方式，因此在进行废气处理方面，有着相应的处理废气的方法。

在采用电加热方式时，产生的废气量较少、溶剂的含量较高，往往采用其他方式进行处理。一种方法是用冷凝法将溶剂冷凝、回收。例如用液氮汽化，通过热交换器将含有溶剂的废气冷却，使其中的有机溶剂蒸气变为液体而被收集起来。这样得到的溶剂纯度较高，可以再次使用。使用这种方法，可以回收有机溶剂的 90%~95%。同时汽化了的氮气还可以返回加热炉以保持炉内的惰性气氛。还有一种方法是利用含有重金属的催化剂将废气中的有机溶剂进行催化氧化。采用这种方法时存在的问题是要把废气预热到 400℃ 左右来进行催化氧化，要消耗一定的能量。另外，催化剂容易中毒，因此要经常进行更换。

9.2.3　彩色涂层钢板生产线的污水处理

9.2.3.1　污水的产生

在生产彩色涂层钢板的表面处理过程中的污水，主要是经过长期使用，由于含有过量的杂质和反应产物而不能继续使用的处理液和由于滴、漏而从设备流出的处理液；还有一部分是在刷洗钢板时洗下的少量处理液进入刷洗用水中，浓度不断增加而必须排放的污水。在进行脱脂处理时产生的污水中主要还有碳酸钠等。

在使用冷轧板作为基板时，由于经常遇到生锈的情况，往往在进行磷化处理之前进行酸洗处理。酸洗溶液中除有酸外，还有在反应过程中生成的亚铁离子。当亚铁离子浓度增大到一定程度之后酸洗液就需要更换。

在生产彩色涂层钢板过程中产生的工业污水主要包括：表面脱脂处理产生的碱性废水，水洗刷洗液，酸洗废水及废酸，表面调整、磷化处理和钝化处理的废液。这些废液的总量、酸碱性以及所含的对环境可能造成污染的离子都不同。

9.2.3.2　污水的处理

一般在大多数的工厂里，不仅只有彩色涂层钢板生产线，往往还有其他生产过程，同时产生一些工业污水，例如含有钢板酸洗或电镀锌生产线，产生废酸等含 Fe^{2+}、Zn^{2+} 的污水。

在这种情况下，往往是将这些污水统一进行处理。处理时，将含铬的污水与其他污水分作两条路线进行处理：一是将 Cr^{6+} 的废水 pH 值调至适当的范围后，进行还原使之成为 Cr^{3+}，然后再调节 pH 值，使 Cr^{3+} 以沉淀的形式析出。二是经 pH 值调节及化学处理，使其中重金属等有害离子形成沉淀，然后经过漂浮分离，将沉淀与含铬的沉淀共同经过压滤而分离。被分离出的滤渣已不溶于水，便于另行处理。

随着彩色涂层钢板生产技术的发展，为了在尽可能短的时间内完成化学成膜处理，表面处理液包含的成分中越来越多，按照上面的处理方法往往难以一次处理就达到规定的排放标准。

对于单一的涂层机组污水，由于连续排放量小，浓度高的废液往往在经过一段较长的时间才更换处理液，集中排放一次，这样便易于分别处理和重复处理。例如，可以对含 F^-、Cr^{6+}、Fe^{2+} 等分别进行化学处理。

污水中污染环境的重金属离子，负离子都可以通过适当的化学处理将其从溶液中分离出来。

氟离子的去除：

$$F^- + Ca^{2+} \longrightarrow CaF_2 \downarrow$$

钙离子可由氢氧化钙或碳酸钙供给，如在处理时氟化钙与碳酸钙形成坚实的混合物。便于过滤分离。正磷酸根离子使用氢氧化钙可以很容易以磷酸三钙沉淀的形式分离。

$$PO_3^{4-} + Ca^{2+} \longrightarrow Ca_3(PO_4)_2$$

溶液里含有的 Ti^{2+}、Zn^{2+}、Ni^{2+} 等都可以通过 pH 值的调节，使它们以氢氧化物的形态析出。

在溶液中同时含有 Cr^{6+} 和 Cr^{3+} 时，首先对 Cr^{6+} 进行还原。一般采用亚硫酸氢钠、亚硫酸钠等均可以使 Cr^{6+} 还原为 Cr^{3+}。在酸性溶液中发生下列反应：

$$Cr^{6+} + SO_3^{2-} \longrightarrow Cr^{3+} + SO_4^{2-}$$

$$Cr^{6+} + 3Fe^{2+} \longrightarrow Cr^{3+} + 3Fe^{3+}$$

溶液中的 Cr^{3+} 在 pH = 8~9 时即可以沉淀的形式析出，然后通过过滤而将沉淀除去。

$$Cr^{3+} + 3OH^- \longrightarrow Cr(OH)_3\downarrow$$

在进行非连续的污水化学处理时，不同处理工艺阶段产生的废液可以单独存放，单独进行化学处理。但考虑到，在各种污水中，还有 OH^-、H^+、Fe^{2+}，这些都可以适当地考虑用它们来调节 pH 值，还原部分的 Cr^{6+}。这些需根据每批废液的具体情况，并分别进行化验之后再统筹决定。

在污水处理系统中，首先将各种酸性和碱性废水集中于相应的贮槽中。将含铬污水集中于单独的贮槽中。然后将酸、碱废水混合，根据其 pH 值，采用碱液调节至相同的金属离子以氢氧化物的状态沉淀，然后再对它进行分离。

对含铬的污水，首先是将其中的 Cr^{6+} 进行还原，使它变为 Cr^{3+}。如可以使用 $NaHSO_3$ 使 Cr^{6+} 变为 Cr^{3+}。再以氢氧化钠调节溶液的 pH 值，使 Cr^{3+} 以氢氧化铬的形式沉淀。然后用沉降法将沉淀分离。经过分离的上清液，再经过充气，用酸调节 pH 值使其中性，则可以排放。

生产彩色涂层钢板产生的污水，其中含有 Cr^{6+}、Cr^{3+}、Zn^{2+} 等。但是与一般工业污水相比，其主要特点是含有较高浓度的氟离子。国内彩色涂层钢板生产线的污水中，所含的有害离子也大体相同。

9.2.3.3　开发减少污水生成量的新表面处理工艺

除了对废水进行严格的处理以减少对环境的污染外，有的已经采用了辊涂式预处理方法。这种处理方法只需少量体积的处理液，用胶辊涂敷在钢板表面，然后用胶辊挤干多余的处理液。钢板表面不再冲洗，经吹干或烘干后直接进行涂料涂敷，这样减少了产生污水的机会，减少了污水的总量。另外，国外也正在开发不含铬的钝化处理技术。为了解决铬对环境污染的问题，已经提出用其他物质清洗来代替铬酸钝化。例如，用酚醛树脂的水铜业清洗磷化膜，这种清洗产生的污水可以被生物降解。另外，还可以用各种锆盐溶液清洗。这些都是积极的环保措施。

9.2.4　涂层车间废渣的处理

在涂料的喷涂整个生产过程中，废弃物的发生量约为涂料生产量的 1%，主要来源于容器清洗、分装等过程，涂料品种和花色越多、产量越小，废弃物往往越多。随着自动化程度的提高，尤其是采用了全封闭投料生产系统后，废弃物的产生量大大减少。涂装工厂废弃物发生量与生产方式、涂装工艺、涂料性状等因素都有关系，一般产生的废料在30%~80%不等。

9.2.4.1 废渣产生的来源

一般情况下，涂层车间产生的废渣主要来源有以下几方面：（1）在前处理过程中产生的沉淀物或悬浮物，如磷化渣、各类油脂颗粒等；（2）在涂装过程中涂覆的涂料飞溅扩散，这是彩涂过程废渣的主要来源；（3）清理涂装设备时产生的涂料凝块及清理涂料传送管道、容器时产生的废渣；（4）水性树脂等有机物产生的淤泥渣；（5）生产过程中产生的废料、废弃堆积、活性炭及过滤网的残渣，同时包括施工过程中产生的废弃物、沉渣等固体颗粒。

9.2.4.2 废渣的处理方式

目前，涂覆工艺废渣的主要处理方式有高温焚烧和再生利用两种。高温焚烧在对涂料热处理及无害化过程中，还可以对焚烧过程中产生的能量进行二次利用，同时采用必要的焚烧设备，注意焚烧过程中的二次气体污染，特别对于可能造成二次污染的危险气体等，随着我国循环经济促进法的颁布实施，对涂料废渣回收利用是一种重要途径。例如，以热塑性树脂、遵循氧化聚合、聚合缩合机理固活树脂为主要涂料废渣。

9.3 车间劳动环境

涂料涂敷作业环境不仅关系到机组工作人员的健康，而且对涂膜的形成和质量有极大的影响，涂料涂敷时良好环境有以下条件：车间环境明亮且亮度均匀；室内温度在15~30℃范围内；空气的相对湿度为50%~75%范围内；空气清洁无尘；换气适当；具有防火设施。

9.3.1 采光和照明

有的涂料涂敷作业场所的照度如下：装饰性、精密作业大于300lx；一般作业大于100lx；粗杂作业大于70lx。涂漆作业的照度要求见表9-3。

表9-3 涂漆作业的照度要求

涂漆类别	作业实例	照度/lx
高级装饰性	汽车表面 检查岗位	800~300，新建时大于1000
装饰性	装饰性 车辆 木工	300~150
一般涂漆	底层处理	150~170

对于不能采用自然光的场合，可采用人工照明，但必须使整个照明亮度均匀。涂膜表面检查、涂层室、修补涂装等精密作业，可采用局部照明，光源一般多采用日光灯。为防止色变现象，应注意选择日光灯的类型，即在需要识别涂料颜色的场合，应选用天然日光色或天然白色的日光灯；在与颜色无关，而以照明效果为主的场合，采用一般的日光灯较好。

9.3.2 温度和湿度

大气的温度、湿度与涂料的干燥和施工性能的关系很大，应避免在寒冷、多湿的场合进行涂料涂敷。所以应保持车间内的温度和湿度在一定的范围之内。一些涂料适宜涂敷作业的温度和相对湿度见表9-4。

表 9-4   一些涂料适宜涂敷作业的温度和相对湿度

涂敷对象	举例	尘埃粒径/μm	粒子数/个·cm^{-2}	尘埃量/$mg·m^{-3}$
一般涂料涂敷	建筑 防腐类涂敷	10 以下	600 以下	7.5 以下
装饰性涂敷	一般汽车用板	5 以下	300 以下	4.5 以下
高级装饰性涂敷	高级家电 轿车用板	3 以下	100 以下	1.5 以下

9.3.3 车间防尘和通风

大气中的尘埃不仅指粗粒灰尘，而且还包括各种有机物，它们在涂膜上附着后对涂膜性能产生不良的影响，例如对耐久性会产生恶劣的影响，是彩色涂层钢板生产中的大敌。必须采用适当的方法除掉粒径在 $10\mu m$ 以上的尘埃。涂装车间所能允许的尘埃见表9-5。

表 9-5   涂装车间所允许的尘埃

涂料的种类	气温/℃	相对湿度/%	备注
油性色漆	10~35	85 以下	气温高一些好，低温不行
油性清漆、磁漆	10~30	85 以下	气温高一些好
醇酸树脂漆	10~30	85 以下	气温高一些好
硝基漆、虫胶漆	10~30	75 以下	高温不行
多液反应型涂料	10~30	75 以下	低温不行
热塑性丙烯酸涂料	10~25	70 以下	湿度越低越好
各种烘烤型涂料	20（15~25）	75 以下	温度、湿度适中
水性乳胶涂料	15~35	75 以下	地湿、高温不行
水溶性烘烤型磁漆	15~35	90 以下	温度、湿度越均匀越好

为了保证涂装车间的空气新鲜、喷漆室内的风速和微正压，车间均应设置独立的供排风体系。

为排除有害的气体，如有机溶剂蒸气、二氧化碳气体和油烟等的积聚，涂层车间内必须进行适当的通风，以补给新鲜空气。

对于一般的涂装车间，适宜的通风换气量应为室内总容积的 4~6 倍/h；调漆件的通风换气量为室内总容积的 10~12 次/h。

另外，也可按有机容积的毒性来换算求得车间内供排风的平衡，并保证某些工作区处于微正压，即供风量要分别大于排风量，所供的风应除尘。

为了保证车间的生产环境，要提高员工的环境质量意识和文明生产素养。

思 考 题

9-1 彩涂车间是否需要防爆设施?

9-2 在生产过程中如何能够排除引起火灾的隐患,需要采取的措施是什么?

9-3 彩涂板生产过程中产生废气的部位主要有哪几个?

9-4 彩涂机组生产过程中产生的废气通常处理方法有哪些?

9-5 彩涂机组生产中产生废水的部位主要有哪几个?

9-6 对彩涂板生产产生的废水如何处理,为什么?

9-7 彩涂板生产过程中主要产生哪些废物,通常的处理方法有哪些?

9-8 对彩涂板生产车间环境的基本要求是什么?

10 彩色涂层钢板生产中的质量管理

10.1 彩涂板生产过程的质量控制

10.1.1 环境控制

彩涂板作为兼具机械强度和装饰性能的高附加值产品，对其表面的要求比较严格，在生产中一个微小灰尘或颗粒黏附在表面或进入涂料都会造成不能恢复的表面缺陷，所以整个涂层生产线需要保证绝对的清洁，地面要刷防尘漆，涂层室采用封闭式管理，操作工要严格遵守操作规程。

10.1.2 基板的选择

根据彩涂板的用途，彩涂的基板可选用冷轧板、电镀锌板、热镀锌和镀锌铝合金板等。通常来讲，彩涂产品的尺寸精度和板形完全取决于基板，在生产过程中不平度等不能改变，因此基板需有良好的尺寸精度，带钢边缘应无毛刺、无锯齿边等。

因为彩涂板涂层厚度最大 $25\mu m$，很难掩盖基板表面的缺陷，所以要求热镀锌带钢需经光整小锌花处理或为零锌花，表面涂油不钝化，不得有未镀锌、锌层脱落、锌粒、裂纹等，存放过程中无黑斑及白锈产生，否则不但造成表面缺陷，还会使涂层附着性下降，影响冲击和 T 弯性能。

10.1.3 前处理的控制

前处理包括清洗和化学处理转化层，前处理的目的是增加涂层与基体的结合强度（即加大附着力）和增加涂层的功能（耐腐蚀、防磨损等）。所以，前处理的好坏直接影响到涂层的质量。

（1）清洗的影响。当温度低或清洗液浓度过低时，基板表面清洗不干净，带有盐、碱、油污等残留物时，会导致涂层与基板结合不牢固，在存放过程中发生起泡；或者局部残留有油、灰尘等污染物时，涂料涂覆后因表面张力的差异产生涂膜缩孔。另外，清洗液碱度过高时，会对镀锌层产生过清洗。

（2）化学处理转化层的影响。生产过程中需严格控制化学处理液浓度，因为随化学处理液浓度的增加，膜重将增加，这有助于提高耐蚀性。但膜重太大，化学处理转化层颜色将变黄，附着力下降，对耐腐蚀性能的提高作用并不大。钝化膜太薄，彩涂板的耐腐蚀性较差，盐雾性能和切口耐腐蚀性能达不到要求。符合彩涂要求的铬膜重为 $12\sim30mg/m^2$。

涂层钝化处理后，必须经烘干脱水并成膜，以获得较好性能。烘烤温度太低或烘干时间太短，钝化膜力学性能均达不到要求，经后道工序时，表面易产生划伤，影响耐蚀性。

若烘干温度太高或烘干温度太长，会导致钝化膜开裂，也降低膜的耐蚀性。通常化学处理涂层烘干带钢的 PMT（峰值温度）控制在 50~80℃。

10.1.4 涂敷控制

涂敷时首先涂辊的表面良好，其次主要需控制涂层的厚度和均匀性，涂层的膜厚不仅关系到色差、光泽和颜色的耐久性，也对涂层的抗腐蚀效果及附着力等性能产生影响，膜厚的多少直接关系到彩板的成本。

10.1.5 涂层固化的控制

涂层固化在固化炉内进行，为使湿涂层中所含有的溶剂完全挥发出来，固化时主要控制固化时间、带钢升温曲线和带钢的 PMT。

涂料的固化时间由涂料的特性决定，即涂料完全固化所需要的最小时间，一般卷钢所用的涂料最小固化时间在 20s 左右，涂料的 PMT 在 210~250℃之间。目前固化炉的设计均能保证在最大工艺速度下达到涂料最小固化时间的要求，主要指标有热风流量、风速以保证带钢达到 PMT，虽然涂料在规定的 PMT 范围内均能得到性能合格的产品，但在此范围内的波动也会使涂层的性能产生差异，使涂层性能不稳定，因此生产中需根据涂料所提供的参数，控制带钢的 PMT 波动在 ±5℃ 以内。

另外烘烤溶剂型涂料时，在涂料固化前应有一定的晾干时间，以防止涂层产生"橘皮""气泡""针孔"等缺陷。为使溶剂充分挥发，固化炉的炉温控制非常重要，通常固化炉分成 4~5 段，每段单独控制温度。在炉子第一段，溶剂通过扩散作用从涂料中挥发出来，此时带钢的温度一般不超过 110℃，如果升温太快，涂层内溶剂溢出过快，会使表面产生气泡缺陷。在炉子后面部分主要是化学干燥过程，涂料进行聚合反应，应加强热风循环，使温度逐渐升高，加快反应的进行。因此炉温设定时一般第一段较低，中间段温度最高，出口段温度再稍稍降低的形式，保证带钢按合理的固化曲线进行固化。

在彩色涂层铜板生产过程中，从原料的投入直至产品的包装，都要进行相应的检查、测量、化验与检验，从而保证按照设定的工艺参数来完成全部的工艺处理过程。在生产彩色涂层钢板时，按照工艺过程的次序，需要进行质量管理的内容见表 10-1。

表 10-1　彩色涂层钢板生产中的质量管理

工艺名称	管理项目	品质特性	管理方法	有关资料
原板检查	外观、形状、尺寸	外观、形状、板厚、板宽	按技术标准，检查卡片，目测，卷尺、千分尺	
焊接或缝合	电流、电极焊接速度，缝合道次	焊接质量、缝合质量	技术标准、目测	
磨刷处理	磨刷辊压力、磨刷辊直径、喷液量	涂层附着性、加工性	技术标准、目测、核对	
脱脂处理	温度、浓度、喷淋量	涂膜附着性	技术标准、化验、自测	
水洗	水量	涂膜附着性	技术标准	
表面调整	温度、浓度、pH 值	涂膜附着性	技术标准、化验测定	

工艺名称	管理项目	品质特性	管理方法	有关资料
化学处理	温度、浓度、pH 值、附着量	涂膜附着性、加工性、耐蚀性	技术标准、化验测定（每班一次以上）	化学处理浓度变化图表
水洗	水量	涂膜附着性、加工性	技术标准	
钝化处理	温度、浓度	耐蚀性	技术标准、化验测定（每班一次以上）	
涂敷底漆	黏度、附着量、辊压下量、速度	涂膜附着量、涂膜附着性、加工性、耐蚀性	黏度测量、膜厚测定、取样检查、技术标准	
烘烤	温度、速度	涂膜附着性、耐蚀性	技术标准、温度自动控制、仪表显示	
冷却	温度、水量		技术标准	
涂敷面漆	黏度、附着量、辊压下量、色差、速度	涂膜附着量、加工性、耐蚀性、颜色	黏度测量、颜色目测、附着量取样检查、仪器测量、技术标准	涂膜附着量柱式图解
烘烤	温度、速度	涂膜硬度、涂膜附着性、加工性、耐蚀性	技术标准、温度自动控制、仪表显示	
冷却	温度、水量		技术标准	
矫直平整	压下量、伸长率、张力	板形、弯折	技术标准、弯折试验、（取样）板形检查	
打印	印记种类、记号清晰性		技术标准、油墨补充	
检查	外观、形状尺寸	外观、形状、尺寸、性能	产品检验标准、整体目测、长度显示值检查、仪器调整	
卷取	外观、形状、卷取能力	卷形	技术标准、按卷全部目测	
检验捆包	表示项目、包装方式		捆包标准、按卷目测	
出厂	产品处理、包装方式		送货单位与产品对照、逐卷目测	

10.2　彩涂板质量缺陷及产生原因

　　在彩色涂层钢板生产的全过程中，由于对原料、工艺条件控制、操作规程等方面的管理失误都会造成产品质量上的缺陷。影响产品质量的因素较多，对各种缺陷的理解也各不相同，但总体可以分为基材质量不良、涂层表面张力的改变、前处理不当、固化缺陷、涂装缺陷及划伤。彩涂板的生产过程是连续的，一旦出现质量缺陷，就需要全线密切配合逐步排查，找出缺陷原因加以解决。

10.2.1　彩涂过程中出现的质量缺陷

　　由于基板、涂料、表面处理、涂料涂敷以及烘烤固化方面的原因造成的质量缺陷，具体缺陷产生原因及解决办法叙述如下：

（1）表面划伤。表面划伤是彩涂板生产时产品表面缺陷的一种，它不但影响彩涂板产品的外观，而且会使划伤的彩涂板产品的抗腐蚀性降低。按来源可分为原料划伤和生产工序划伤。

1）原料表面划伤。原料表面划伤主要是指基板在镀锌生产时就产生的质量缺陷。使用带有划伤的基板生产彩涂板时易使生产出来的彩涂板表面产生色差甚至漏涂的质量缺陷。控制措施为检查上工序中的生产质量，防止带有划伤的原料基板入厂。

2）彩涂板在生产过程中划伤。常见设备划伤及解决方法见表10-2。

表 10-2　常见设备划伤及解决方法

设备部位及名称	缺陷部位	产生原因	解决方法
入、出口导板划伤	钢板背面	导板表面有异物	检查导板磨损情况及固定导板的螺钉是否松动，退出导板面，清除导板表面异物
喷淋管划伤	钢板背面	张力过小，带钢下表面与喷嘴接触	适当增加清洗段带钢张力
挤干辊划伤	钢板正、背面	辊子表面有异物或挤干辊轴承卡阻	清除辊子表面异物，调整挤干辊或更换轴承
S 辊划伤	钢板正、背面	辊子表面有异物，炉体内张力与出口活套张力相差太大造成 S 辊打滑	清除辊子表面异物，调整出口套与炉内的张力控制
固化炉划伤	钢板正、背面	固化炉内张力控制不当，张力过小钢板下垂划伤背面，张力过大生产薄料时划炉口划伤带钢正面	调整张力控制，控制带钢的悬垂度位置
急停、停车卸张出口活套划伤	钢板正、背面	活套辊子间带钢打滑	控制操作，减少停车

（2）漏涂。漏涂是指在彩涂板生产过程中由于钢板未被涂机涂上涂料而形成的一种质量缺陷，是彩涂板生产时最常见的产品质量缺陷的一种，它不仅直接影响了彩涂产品的外观，而且影响彩涂板产品的使用性能，它还会使彩涂板产品的抗腐蚀性降低，失去了彩涂板产品应具有的特性。产生漏涂的原因主要有以下几方面：

1）凹凸点漏涂。凹凸点漏涂是由于原料或者彩涂线的辊子上有杂物使涂料未附着在钢板上而造成的，可分为凹点漏涂和凸点漏涂 2 种情况。

原料上有杂物会造成凸点漏涂，解决方法是在带钢清洗完毕后进入涂覆前检查原料清洗质量。

辊子有杂物会造成凹点漏涂，由辊子上杂物造成的漏涂可以根据压印的间隔距离等于辊子的周长而进行判断（距离 $S = \pi D$）。解决方法是在开机生产前对彩涂线辊子进行清洗，防止辊子上有杂物出现。

2）带钢边浪、中浪漏涂。这是由于带钢有边浪或中浪过大造成涂机的涂覆辊不能接触到带钢的漏涂现象，边浪漏涂主要出现在带钢的背涂面。控制带钢边浪、中浪漏涂的措施有以下几种：

①严格控制来料的板形，对入厂生产的原料的上工序提出质量要求，对不合格的原料禁止上机生产。带钢边浪应控制在不大于 5mm 以内，波浪的陡度控制在 1.5% 以内。

②去毛刺辊带气压下，调整去毛刺辊之间的间隙，使有浪形的带钢处于微小的轧制状

态下，从而减小带钢浪形的陡度。

③调整背涂机支撑辊的高度，使辊子与带钢接触面积增大。在带钢张力不变的情况下，降低背涂机支撑辊的高度，则带钢与涂覆辊之间的包角增大，涂覆辊所受的压力增加，则变形增加，从而使带钢与涂覆辊更好地接触，减少因带钢浪形引起的漏涂现象的发生。

④针对边浪漏涂，可在背涂机涂覆辊上增设带钢压下辊。对有边部浪形的原料，生产操作人员可根据带钢边部浪形情况，调整背涂机边部下压装置进给汽缸的压力与下压量，增加带钢与涂覆辊的接触面积，从而减少漏涂现象的发生。

3）其他几种漏涂产生的原因及对策

其他几种漏涂产生的原因及对策见表10-3。

表 10-3　漏涂产生的原因及对策

名　　称	产生原因	解决方法
油水漏涂	带钢涂漆烘干之前粘有油水	检查清洗段水是否被油污染，检查初涂后的冷却水是否被油污染
跑偏漏涂	纠偏装置失灵，带钢超出涂覆范围	调整带钢中心位置，使其在涂辊涂覆范围内
涂辊划伤漏涂	涂覆辊被带钢划伤没有涂料	更换涂辊
压力过小漏涂	带钢压力过小不能与涂覆辊接触	增加带钢压下力，使带钢与涂覆辊接触
涂、粘辊有杂物漏涂	有杂物，涂辊不能粘上油漆	清洗辊子上的杂物
辊速比低漏涂	逆涂时辊速比过低，与生产速度不匹配	调整涂辊的辊速比使其匹配

（3）色差。色差是指彩涂板颜色的色调、饱和度和亮度这三者综合的差异。色差往往是在生产浅色彩涂板时最易出现的质量缺陷的一种，也是彩涂板生产过程中最难控制的质量缺陷之一。色差的产生与油漆的使用、设备的调整和操作控制等因素都有关系，在此就造成色差的主要原因进行分析。

1）涂料批次原因。指使用不同批次或不同桶内的涂料的颜色有差别；换新批号或新涂料时，从上料口方向开始向回流口方向延伸，出现色差。特点：从上料口一侧向回流口方向延伸，呈带状分布，逐渐加宽。

解决方法：从控制涂料的使用上找原因，先在化验室刮板，一板2个批号进行比较，刮板存在色差时禁止上机使用。

2）膜厚原因。由于漆膜厚度不同所造成的颜色差别。漆膜厚度不同造成的色差主要出现在不同彩卷或同一板面的两侧，原因为涂覆辊和汲料辊间压力变化或涂覆辊辊子为鼓形。

解决方法：严格控制存在鼓形缺陷的辊子上机使用，注意耗漆量的变化，如出现涂料耗量变化较大则可能为涂覆辊和汲料辊间压力改变，需要重新调整辊间压力。

3）涂料黏度变化。涂料在使用过程中出现黏度变高或变低引起漆膜厚度变化造成的色差。原因可能为涂料在使用过程中稀释剂挥发过快造成黏度增加或涂料在搅拌完成后没有及时使用，涂料桶上部的涂料黏度会因沉淀而造成黏度降低。

解决方法：在涂料的使用过程中继续对涂料进行搅拌，检测涂料的黏度变化。

4）板温变化。板温过高或过低所造成的色差。原因为炉温设定不合理。

解决办法：不定期测板温，换规格（差别大）测板温。

5）冷却水污染。带钢冷却用水水质差，污染板面引起板面光泽不高或冷却装置内挤干辊挤干效果差，造成板面有水渍。

解决办法：及时更换冷却用水，增强挤干辊的挤干效果。

（4）辊印。辊印是指带钢在涂覆时把辊子的缺陷印到带钢上的质量缺陷现象。形状为点状或线状，位置的间隔是涂辊的周长。

形成原因：1）在使用过程中辊子存在鼓包质量缺陷；2）磨削修复后的辊子的质量仍不合格，存在磨削痕迹或辊子的同轴度和圆度超差。

解决方法：辊子上机前确定辊子的平整度，禁止不合格的辊子上机使用。

（5）条纹。板面条纹可分为横条纹和竖条纹2种情况。

出现横条纹原因：1）涂覆辊或基板的速度抖动；2）涂覆辊为椭圆形。控制措施是检查相应设备并调整。

出现竖条纹可能的原因是涂辊各辊的速度不匹配或涂料流平不好。解决方法为调整各辊的相应速度，调整涂料的流平性。

（6）缩孔。缩孔是指油漆烘烤后在带钢表面形成凹坑的现象。造成缩孔现象的原因是涂料的表面张力太大，在涂料实际应用过程中这方面的问题比较普遍，主要反映为涂料对基板的润湿性差。如果涂料表面张力太大以至于使湿膜在干燥之前不能形成均一的涂层，严重时会露出基板，形成缩孔现象，一般情况下回缩现象较多。

解决方法：1）基板在涂装前要尽可能地清洗干净，减少基板上的油污、杂物对涂料性能的影响；2）使用表面张力控制剂或一些润湿效果较好的溶剂，以降低涂料的表面张力，使其大小与基板表面的自由能相接近。

（7）浮色、发花。浮色是均匀的颜色从涂料体系中分离出来的现象。发花是因两种以上的颜色没能解决好分散方面的问题而造成的。两者的共同点都是在颜料的润湿分散方面存在问题，尤其是分散体的稳定方面存在问题。

解决方法：不定期搅拌料盘，添加挡板，增大打漆速度，使料盘内油漆尽快回流，改变上料口或溢流口位置，改变溢流方式。

（8）气泡、针孔。涂料在生产过程中需要高速搅拌，在此过程中会混入空气形成泡沫，泡沫在涂料的涂装过程中会破裂从而使漆膜产生针孔或爆孔现象。溶剂的释放性不好也会出现针孔现象，交联反应释放的小分子物未能自由逸出，冲破黏度增大的表层或被封在表层下。

解决方法：可以在涂料配制过程中加入消泡剂，从而减少泡沫的生成，但添加量和品种的选择要很好地控制；调整溶剂组成，增加高沸点溶剂的比例；调整炉温分布，适当降低首段温度。记住开桶时不要过激地搅拌，防止产生微泡，放置一段时间再上机。

（9）其他。

1）T弯开裂。T弯开裂产生的原因可能是漆膜柔韧性不好。解决方法：增加成膜树脂中柔韧性链段，降低漆膜的交联密度，在酸催化聚酯漆中适当减少酸催化剂的用量，调整颜基比。

2）T弯剥落。T弯剥落产生的原因可能是漆膜柔韧性不足，层间附着力差，预处理膜底漆、面漆间不匹配，被涂界面受污染。解决方法：改善柔韧性，改进层间附着力。

3）铅笔硬度差。铅笔硬度差产生的原因可能是漆膜强度差。解决方法：增加成膜树脂中的刚性链段，提高漆膜交联密度，适当提高涂料的颜基比，利用表面增滑剂。

4）抗划痕差。抗划痕差产生的原因可能是漆膜表面硬度差、摩擦系数大、填料或消光粉过多。解决方法：用蜡粉提高表面硬度和减小摩擦系数。

5）开卷背面漆有黏结性。开卷背面漆有黏结性原因可能是背面漆固化不充分，固化漆膜的玻璃化温度低于环境温度，收卷时卷芯温度偏高。解决方法：改进背面漆配方与面漆同步充分固化，提高漆膜的玻璃化温度，用增滑剂改善抗黏结性。

10.2.2　产品长期储存后出现的缺陷

如果彩色涂层钢板表面性能上有着质量缺陷，而这些缺陷在产品经过一段较长时间的存放之后才会暴露出来。常见的缺陷见表10-4。

表 10-4　产品经过长时间存放后出现的质量缺陷

缺陷	现　象	产生原因	防治方法
白垩化	表面分解粉化	室外暴露、紫外光、露出颜料	使用不粉化、耐候性强的颜料
开裂	表面发生深、浅、微裂纹	大气中老化、树脂解聚、增塑剂及溶剂开裂； 使用了溶解力过强的溶剂； 使用了不亲和的涂料	按环境、用途选择涂料和挥发工艺； 避免在选用材料上的失误
起泡	涂膜部分产生"浮肿"，内有气体，分为膨胀腐蚀和丝状腐蚀	膨胀型，在水中浸泡或高湿环境中生成； 腐蚀起泡，膜下生锈； 丝状起泡，膜下生锈； 基板有锈起泡； 涂敷固化温度、时间不当； 表团处理膜不良（水质、水洗等）； 涂料性能不良； 产品放置环境不良	根据用途选用涂料； 表面处理质量； 注意存放条件
泛黄	经过一段时间后表面变黄	户外光照使展色剂分解泛黄； 白色颜料光线不足变黄； 颜料吸油量高	不使用易变黄的颜料和涂料； 选用吸油量低的涂料
褪色	颜色减退	大气污染、暴露； 酸、碱等化学蒸气作用褪色； 有机颜料受热； 展色剂影响	进行耐候试验选择涂料

思 考 题

10-1 彩涂板生产中的质量管理通常需要检查哪些环节和内容？

10-2 彩涂板涂层质量控制的被检验设备主要有哪几种？

10-3 对彩涂板生产的质量管理项目包括哪些？

10-4 对彩色涂层钢板生产过程及产品的管理方法有哪些？

10-5 彩涂板生产中产生的质量缺陷及原因有哪些？

10-6 彩涂板生产过程中产生缺陷的相应解决办法是什么？

10-7 彩涂板产品在长期储存后出现的缺陷有哪些，如何对此进行防范？

11 彩色涂层钢板的质量检验

11.1 彩色涂层钢板的性能质量

基本性能主要包括涂层表面物理性能、涂层力学性能和涂层耐腐蚀性能。

彩色涂层钢板涂层表面物理性能包括：涂膜的厚度、完整性、硬度、光泽和颜色。彩色涂层钢板涂层的力学性能表明彩色涂层钢板在成型加工和在外力作用下涂膜的变化，如涂膜在快速冲击、弯曲、定速冲压变形后涂层的完整性和涂层的附着力。彩色涂层钢板的耐腐蚀性反映涂膜在某种环境（如一般大气、酸雾或某种特殊的化学介质环境）中使用，经受腐蚀破坏的能力。选用的涂层种类不同，彩色涂层钢板的耐腐蚀性也不同。

11.2 彩色涂层钢板产品的质量及检验

11.2.1 质量检验标准

早在 20 世纪 60 年代国外就已将彩色涂层钢板的性能检验工作标准化，这些标准主要是：美国材料试验学会标准（ASTM）；美国成卷带材涂层协会标准（NCCA）；欧洲卷涂协会标准（ECCA）；日本标准（JIS）；英国国家标准（BS）和德国国家标准（DIN）等。

为适应彩色涂层钢板工业在我国发展的形势，国家标准局于 1992 年制定了彩色涂层钢板产品性能检测的检验标准《彩色涂层钢板及钢带试验方法》（GB/T 13448—1992），该标准制定了彩色涂层钢板关于涂层厚度、涂层镜面光泽、弯曲试验、冲击试验、铅笔硬度试验、划格试验、盐雾试验、潮湿试验和加速气候试验等 9 项测试程序，2006 年修订为（GB/T 13448—2006）标准，新标准在原有测试程序上增加 12 个试验方法，使我国在彩色涂层钢板的性能检测手段方面更趋于规范化。但在实际应用中，关于涂层性能试验的项目还有许多，在我国彩色涂层钢板检验中比较常用的各国测试标准见表 11-1。

表 11-1 涂层性能常用检验标准号

检验项目	ASTM	NCCA	ECCA	JIS	中国（GB）
干膜厚度	D1400, D1186, D1005	Ⅱ-4, Ⅱ-13, Ⅱ-14, Ⅱ-15	T-1	K5400 3.5	GB/T 13448—2006
色差	D1792, D2244-89		T-3	Z8730	GB/T 13448—2006
光泽	D523-89, D1471		T-2	Z8741	GB/T 13448—2006
附着力	D3359	Ⅱ-16	T-6	K5400 6.15	GB/T 13448—2006
楔体弯曲	D3281	Ⅱ-10			
T形弯曲	D3794	Ⅱ-19, Ⅱ-23	T-7		GB/T 13448—2006
冲击	D2794	Ⅱ-6, Ⅱ-10, Ⅱ-16	T-5	K5400 6.13	GB/T 13448—2006
铅笔硬度	D3363, D522-88	Ⅱ-12	T-4	K5400 6.14	GB/T 13448—2006
压痕硬度	D1474		T-12		

检验项目	ASTM	NCCA	ECCA	JIS	中国（GB）
抗压痕	D3003	Ⅱ-17			
耐溶剂		Ⅱ-18			GB/T 13448—2006
耐污染	D2248				GB/T 13448—2006
耐丝状腐蚀	D2803		T-18		
户外耐久性	D1014	Ⅲ-9	T-21	K5400 9.4	
盐雾试验	B117，D287	Ⅲ-2	T-8	Z2371	GB/T 13448—2006
耐湿热试验	D2247-87	Ⅳ-6			GB/T 13448—2006，GB/T 1740—92
加速老化	D822，D3361	Ⅱ-7，Ⅲ-10	T-10		GB/T 13448—2006
耐水浸	D870	Ⅱ-20，Ⅲ-1	T-9	K5400 9.3	
耐二氧化硫			T-23		
耐热性			T-13	K5400 7.1	GB/T 1735—1992
表面水泡	D714				
粉化	D659	Ⅲ-8	T-14		
耐磨性	D968-81				GB/T 13448—2006
耐大气腐蚀	D6154	Ⅲ-3	T-9		GB/T 13448—2006
耐水雾	D1735	Ⅲ-4			
耐酸	D1308				GB/T 13448—2006
耐碱	D1308				GB/T 13448—2006
细裂	D660		T-15		
开裂	D661				
锈蚀	D610				

11.2.2　试件取样

除了一些检验项目有特殊的试样尺寸要求外，一般情况下彩色涂层钢板涂层检验试样应按 GB/T 13448—2006 规定，其面积尺寸不小于 75mm×150mm。生产过程取样步骤和要求如下：

（1）每卷彩色涂层钢板均在机组的出口端切取试样 2 张，一张用于在线检测，以便通过检测结果随时调整生产工艺参数，另一张留待 24h 后作质量保证检验。取样位置在每卷的头部，必要时也可在尾部再取一张。试样尺寸为 400mm×带宽。

（2）将试样按图 11-1 所示切成 6 张小试样。距带钢边缘 25mm 处以内按左、中、右位置分别取 3 块 75mm×225mm 的试样（1 号、2 号、3 号），其中左右两块（1 号和 3 号）分别用于测定涂膜光泽、色差、膜厚、铅笔硬度、抗溶剂摩擦性能，中间一块（2 号）用于 T 形弯曲、反向冲击试验。根据检测结果及时调整工艺条件，最后将 3 块测试过的试样标明钢号，放在一起保存待查。剪切一块 150mm×400mm 试样（4 号）用于耐磨性的各项试验。

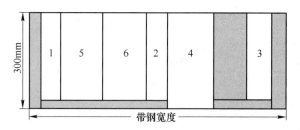

图 11-1   试件裁切示意图

再剪切两块 150mm×225mm 试样（5 号、6 号），在其上部分别标明钢卷号，以便用户在使用后提出质量问题时作复查用。

（3）试样应平整、无油污、无损伤，边缘无毛刺。

11.2.3   彩色涂层钢板物理性能的检测

11.2.3.1   涂料黏度测定

A   涂-4 杯法

涂-4 杯黏度计如图 11-2 所示，测定的黏度是条件黏度，即为一定量的试样在一定的温度下从规定直径的孔所流出的时间，以秒（s）表示。

具体方法为用手指堵住涂-4 杯漏嘴，将温度为（23±1）℃或（25±1）℃，经过充分搅拌的试样倒满黏度计，用玻璃棒或玻璃板将气泡和多余的试样刮入涂-4 杯的凹槽中。迅速移开手指，同时启动秒表，待试样流束刚中断时立即停止秒表。秒表读数即为试样的流出时间（s）。

B   蔡恩黏度计法

蔡恩黏度计又称蔡氏杯或蔡恩杯（Zahn cup），是一种子弹头形状，耐腐蚀、耐溶剂的不锈钢杯，杯底有一精确的小孔，杯口上装有一约 300mm 长的提手（图 11-3）。其测试原理与涂-4 杯相同，为一定量的试样（44mL）在一定的温度下从规定直径的孔所流出的时间。

图 11-2   涂-4 杯黏度计

图 11-3   蔡恩黏度计

蔡恩黏度计由 5 个不同孔径的杯子组成，以适应测量不同黏度的产品，使用前应选择适当的杯号，以便将流出的时间控制在 20~80s。具体孔径、黏度范围及其应用参见表 11-2。

表 11-2　近似黏度范围（约相当于 20~80s 的流出时间）

蔡恩杯号	流出孔直径/mm	黏度范围/$mm^2 \cdot s^{-1}$	应　　用
1	2.0	5~60	稠度稀的油或其他液体材料
2	2.7	20~250	油、清漆、喷漆、磁漆等
3	3.8	100~800	中等黏稠度的色漆、油墨
4	4.3	200~1200	黏稠的色漆、油墨
5	5.3	400~1800	极黏稠混合物、丝网印刷油墨

11.2.3.2　干膜厚度测定

在实际工作中大量遇到的是干膜厚度的测量，因为涂料的某些物理性能的测定及耐候性等专用性能的试验均需把涂料制成试板，在一定的膜厚下进行测试。彩涂板涂层厚度测量可采用 4 种方法，即磁性测厚仪法、千分尺法、金相显微镜法和钻孔破坏式显微观测法。

（1）磁性测厚仪法。本方法为非破坏性仪器的测量方法，是目前干膜厚度测量的主要方法。涂层厚度低于 $3\mu m$ 时不适用。

磁性测厚仪主要是利用电磁场磁阻原理，通过流入钢铁底材的磁通量大小，即磁体与磁性底材之间间隙的变化引起磁通量的改变来测定漆膜厚度。

在性质相似于受试底材的参照表面上，将磁性测厚仪小心地调至零位，然后用仪器附带的标准片校准。测量时将探头放在样板上，取距边缘不少于 1cm 的上、中、下三个位置进行测量，读取漆膜厚度值。取各点厚度的算术平均值即为漆膜的平均厚度值。

（2）千分尺法。使用时不受底材性质的限制和漆膜中导电或导磁颜料的影响，测量精度较高，可达 $\pm 2\mu m$，但漆膜必须足够硬，以经受住与千分尺卡头紧密接触时而无压痕。测量时，漆膜需遭到局部破坏。该方法也不适用于测量过薄的涂膜，美国 ASTM D 1005 标准中规定膜厚不低于 $12.7\mu m$。测试原理为用千分尺分别测定同一部位涂漆与除去漆膜的厚度，两者之差即为漆膜厚度。使用这种方法要破坏涂膜。在进行测量时，要注意不要使涂膜出现可见的变形。在除去涂膜时，不要使试样发生变形、擦伤或划伤。

（3）金相显微镜法。金相显微镜法是利用彩涂板断面涂层和金属基板的光反射率不同，从而测量彩涂板涂层厚度。

测定时先将涂层试板打磨、抛光制备成金相试样，然后用金相显微镜上的标尺测量试样断面不同部位的涂层厚度。

（4）钻孔破坏式显微观测法。钻孔破坏式显微观测法适用于各种材料为基板的彩涂板涂层厚度的测定。当各涂层界面可清晰分辨时，也可适用于各涂层（底漆、面漆）厚度的分别测定。

本方法是利用钻孔机在彩涂板涂层中钻出一定锥度的圆孔，通过光学显微镜观测涂层，对涂层界面进行定位，使缩孔处涂层各界面均可清楚成像于视频上。利用显微视频图像系统的标尺即可直接读出各涂层厚度。

11.2.3.3 涂膜的光泽测定

光线照射在平滑表面上，一部分反射，另一部分透入内部产生折射。反射光的光强与入射光光强的比值称为反射率。漆膜的光泽就是漆膜表面将照射在其上的光线向一定方向反射出去的能力，也称镜面光泽度。反射率越大，则光泽越高。

漆膜表面反射光的强弱，不但取决于漆膜表面的平整度和粗糙度，还与漆膜表面对投射光的反射量的多少有关。而且，在同一个漆膜表面上，以不同入射角投射的光，会出现不同的反射强度。因此，必须先固定光的入射角，然后才能测量漆膜的光泽。目前主要使用的标准角度有 20°、60° 和 85° 三种几何角度测定漆膜的镜面光泽，测定原理如图 11-4 所示。60° 角度适用于所有色漆漆膜的测定，但对于光泽很高的色漆或接近无光泽的色漆，20° 或 85° 则更为适宜。20°适用于高光泽的色漆，85°适用于低光泽的色漆。

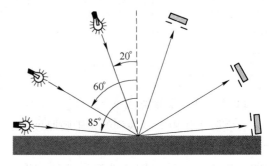

图 11-4   光泽计测试原理

11.2.3.4 色差的测定

色差是检验彩涂板和标准板之间的颜色差异，色差值与涂料和工艺控制有关，在生产中通过调整膜厚和固化温度控制该项指标。测量方法通常有两种：目视比色法；色差仪测定法。

A   目视比色法

目视比色法是指正常视力的人员在天然散射光线下目测检查所制试样与标准板的颜色有无明显的差别，当试样为无光和平光涂膜时，使入射照明光线与被测表面呈 45°；当观测有明显镜面反射的试样，调整入射光的角度，消除镜面反射的影响，将样板分别与标准板进行对比。目视比色法比仪器测量更直观，精确，但受观测者的主观因素影响较大。目视比色箱如图 11-5 所示。目视比色箱观察如图 11-6 所示。

图 11-5   目视比色箱

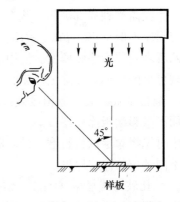

图 11-6   目视比色箱观察

B   仪器法

工业实践中测定漆膜色差较多使用的是测色色差仪。通过色差仪在一定的光源条件下测定样板的反射率值，然后将其转换成三刺激值，根据国际照明委员会（CIE）规定的颜色测量原理、数据和计算方法，用数字表达颜色的变化情况。

色差仪种类较多，其原理均为测定参照样和试样的三刺激值 X、Y、Z 或色空间中色坐标，即可定量测定出试样与参照样的颜色差异，通常用总色差 ΔE 表示。现今两个使用比较广泛的颜色空间是 Hunter L、a、b 和 CIE L^*、a^*、b^*，Hunter 和 CIE L^*、a^*、b^* 标尺都是 X、Y、Z 值进行算术推导出来的。

目前最为通用的为 1976 年 CIE（国际照明委员会）制定的 L^*、a^*、b^* 色空间，该系统中包括两个坐标轴 a^* 和 b^*，相互成 90°直角，代表色相或颜色，L^* 坐标轴垂直于 a^*b^* 平面，代表亮度，如图 11-7 所示。任何一种颜色都是该空间中的一点，都能用坐标 L^*、a^*、b^* 来表示。

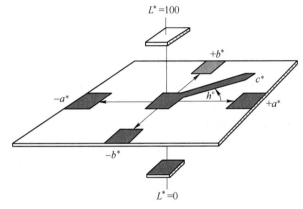

图 11-7　L-a-b 体系

$+a^*$—红；$-a^*$—绿；$+b^*$—黄；$-b^*$—蓝；

开启色差仪，进行校准。然后按双方商定选择标准光源和颜色空间等。在选定的仪器条件下测量参照样的色度坐标值 CIELAB L^*、a^*、b^* 或 HunterLab L、a、b，然后在同样的条件下测定试样的色度坐标值。色差以 ΔE 或 ΔL、Δa、Δb 表示。取三个不同测量部位涂层色差的算术平均值，即为该试样的色差。

试样与参照样的色差值 ΔE 可由仪器直接显示出来，也可用下式计算：

$$\Delta E = \sqrt{(\Delta L)^2 + (\Delta a)^2 + (\Delta b)^2}$$

$$L = 10 Y^{\frac{1}{2}}$$

$$a = \frac{17.5(1.02X - Y)}{Y^{\frac{1}{2}}}$$

$$b = 7.0(Y - 0.847Z)Y^{\frac{1}{2}}$$

$$\Delta L = L_1^* - L_0^* \quad 或 \quad \Delta L = L_1 - L_0$$

$$\Delta a = a_1^* - a_0^* \quad 或 \quad \Delta a = a_1 - a_0$$

$$\Delta b = b_1^* - b_0^* \quad 或 \quad \Delta b = b_1 - b_0$$

式中，L_1^*、a_1^*、b_1^* 或 L_1、a_1、b_1 为试样的色度坐标值；L_0^*、a_0^*、b_0^* 或 L_0、a_0、b_0 为参照样的色度坐标值。

$\Delta L>0$ 表示试样比参照样偏白（亮）；$\Delta L<0$ 表示试样比参照样偏黑（暗）；$\Delta a>0$ 表示

试样比参照样偏红（绿较少）；$\Delta a<0$ 表示试样比参照样偏绿（红较少）；$\Delta b>0$ 表示试样比参照样偏黄（蓝较少）；$\Delta b<0$ 表示试样比参照样偏蓝（黄较少）。

色差仪应用在在线检测时，通常安装在出口段的出口活套后面，能及时地测定彩涂板的色差，通过计算机反馈到精涂机控制室，在膜厚的公差范围内调整膜厚来消除这种色差。

11.3　彩色涂层钢板力学性能的检测

11.3.1　涂膜硬度的测定

评价涂膜抵抗划伤的能力，卷钢钢板的加工成型一般是辊压成型或冲压成型。因此，抗划伤性是彩涂板很重要的性能。

11.3.1.1　铅笔硬度

铅笔硬度是采用已知硬度标号的铅笔刮划涂膜，以铅笔标号表示涂膜硬度的测定方法。将规定的铅笔削出 3mm 的长度、磨平，使铅笔与试验样成 45° 角，以 0.5～1mm/s 的速度朝离开操作者的方向推动 7mm，在同一区域内进行 5 次划伤操作，如破损不超过 3处，即可将此测试区域的铅笔硬度作为测试结果，测试时从高硬度向低硬度的顺序进行，如 H→F→HB→B→2B。用该方法评定漆膜的硬度受铅笔牌号和铅笔质量的影响，如美国产的鹰牌比日本产三菱牌铅笔硬度高一个规格，我国的中华牌铅笔的硬度和三菱牌铅笔硬度相当。不同生产批号的铅笔的质量差异也会给试验结果带来不同影响。另外，在试验操作中应使用仪器，使铅笔的角度、所施加的力达到均匀、一致，以减少试验带来的误差。

11.3.1.2　压痕硬度

使用压痕硬度仪进行测量。压痕硬度仪由一定质量的载荷、规定形状、尺寸和材质的压痕压头以及显微测定长度的装置组成。与铅笔硬度法相比，其优点是不受附着性的影响，能更有效地表现漆膜的固化程度。

在规定的试验条件下，用压痕硬度仪在涂层上产生压痕，再测量压痕长度，根据测量的压痕长度，计算或查表得压痕硬度。不同标准采用的仪器和测试条件也不同，其差异见表 11-3。

表 11-3　压痕硬度测试的 ASTM 和 ECCA 标准差异

项　　目	ECCA T12	ASTM D1474	
		A Knoop 法	B pfund 法
方法		A Knoop 法	B pfund 法
压头	Buch h012 压头	金刚石锥体	半球形石英或蓝宝石
载荷/kg	1	0.025	1
载荷保持时间/s	30±1	18±0.5	60±0.5
测量项目	压痕长度	压痕对角线长	压痕直径
测定系数	3	5	5
查表计算	$E=100/L$	$KHN=L/l^2 C_p$	$PHN=1.27/d^2$
式中	L——压痕长度，mm	L——载荷； l——对角线长度，mm； C_p——压头常数，7.028×10^{-2}	d——平均压痕直径，mm

按照 ECCA 标准规定，可根据压痕长度用查表法查出压入阻力 E 值，见表 11-4。

表 11-4 压痕硬度与压入深度对照表

压入长度/mm	压入阻力 E	压入深度/μm	有效测量的最低涂膜厚度/μm	压入长度/mm	压入阻力 E	压入深度/μm	有效测量的最低涂膜厚度/μm
0.8	125	5	15	1.15	87	11	25
0.8	118	6	20	1.2	83	12	25
0.9	111	7	20	1.3	77	14	25
0.9	105	7	20	1.4	71	16	30
1.0	100	8	20	1.5	67	18	30
1.05	95	9	20	1.6	63	21	35
1.1	91	10	20	1.7	59	24	35

在进行上述操作时，均需将载荷和压头特别小心地垂直于被测试样涂膜的表面，然后在规定时间内将载荷除去，立即在 20~40s 内用显微镜测量压痕。

11.3.2 涂膜的抗冲击性能测定

漆膜耐冲击性能的测定实质是涂膜在经受高速重力的作用下，发生快速变形而不出现开裂或从金属底材上脱落的能力，它表现了被试验漆膜的柔韧性和对底材的附着力。

测定冲击试验的仪器有美国 Carden 型冲击仪、日本杜邦冲击试验仪等。各种冲击仪均由导向、标度管、重锤（或球）冲头和冲模等主要部件组成。仪器型号不同，锤重、标度管长度、冲头、冲模直径上也有差异，见表 11-5。在不同型号仪器上冲击试验涂膜产生的变形量也不同，试验结果也各异。因此，需要按产品标准规定或供需双方协商检测仪器及其性能指标。

表 11-5 各种冲击仪器参数比较

冲击零件	美国 Carden 冲击仪	日本 Dupont 冲击仪
锤头	2lb	300g
	4lb	500g
		1000g
冲模	5/8″	1/2″, 1/4″
	5/8″	1/8″, 1/16″
	1/2″	3/16″
标尺	22~48″	50~500cm

注：1″=25.4mm；1lb=0.4536kg。

将试样置于砧台上。涂膜朝上观察凹变形为正冲击，涂膜朝下观察凸变形为反向冲击。将重锤提升至一定高度后，再自由落下。在冲击试样时，用肉眼观察或供需双方协商一定倍数的放大镜观察涂膜受击区的裂纹情况。也可在试样划格后冲击，或者冲击后粘胶带撕扯后检查涂膜脱落及附着力的损失。

11.3.3 弯曲性能测定

弯曲性能（T弯）是评定涂膜柔韧性能的重要指标，是一种以检定各个T形弯边的破裂和涂膜在每个弯边上的胶带附着力的方法，属于对卷材涂膜的后成型性检验。T弯越小，涂料柔韧性能越好，彩涂板越容易加工成型。

11.3.3.1 轴弯曲试验

轴弯曲试验是测定彩涂钢板的涂膜绕圆柱轴弯曲180°时抗弯曲的性能。

在轴弯曲试验仪（图11-8）上装上合适的芯轴，将试样被测面向下装入仪器中，在1～5s内将试样紧贴轴迅速弯曲180°（图11-9）。然后打开将试样扳平，观察试样紧贴弯曲面有无裂纹，用不同直径的芯轴进行弯曲，找出弯曲部位不出现开裂或剥离的最小直径的芯轴。也可将胶带贴于试样的弯曲面，用手指将其压平，然后迅速撕下，观察涂膜破坏情况。离边缘10mm内的涂膜损伤不予考虑。抗开裂或剥离的能力用T值表示：

$$T=最小轴直径/涂层板的厚度$$

用这种方法测定基板的厚度不能超过1mm。

图11-8 合叶型弯曲试验仪

图11-9 弯曲仪使用情况

11.3.3.2 T弯曲试验

将试样绕自身弯曲180°（涂膜在弯曲面外侧），观察弯曲面是否有涂膜脱落情况，以此测定试样的抗弯曲性能。结果以弯曲处无涂膜脱落的最小T弯值表示。

利用一定试验装置或工具（台钳或弯曲试验机），把样板涂漆面向下，一端插入试验装置中约10mm压紧，后折成45°，进而再压成180°，并压紧，此时为"0T"弯曲，观察弯曲部位是否有裂纹或脱落。如有上述现象发生，则重复以上步骤，进行1T、2T、…弯曲，样板绕"0T"弯曲部分继续作180°弯曲，折叠处有一个样板厚度则为"1T"弯曲，折叠处有2个样板厚度则为"2T"弯曲。样板经弯曲后，重叠部分不应有明显的空隙存在，否则，需重新进行试验（图11-10）。以不产生裂纹的最小T弯值作为试验结果。

轴弯曲试验和T弯曲试验测量的效果基本上是一样的，用轴弯曲试验测量时，最小轴直径/涂层板的厚度有一个换算关系，容易产生误差；用弯曲试验机测量T弯曲操作更方

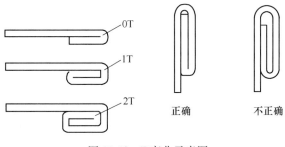

图 11-10 T 弯曲示意图

便、更精确。目前国内彩涂板生产企业基本上使用后一种方法测量 T 弯曲。

11.3.4 涂膜附着力测定

涂膜附着力是测定表征涂膜与被涂物体表面通过物理和化学作用结合在一起的牢固程度，一般可在涂膜未经变形的试样上测试，也可在涂膜经快速冲击、成型等变形后测定。

11.3.4.1 涂膜未经变形附着力测定

涂膜未经变形的附着力测定采用划格法。

将涂膜面朝上放置在坚硬、平直的物面上。切割刀具垂直于样板表面，均匀施力，划出平行的 6 条切割线，再与原切割线成 90°垂直交叉划出平行的 6 条切割线，形成网格图形，划格间距为 1mm。所有的切口均需穿透到底材的表面。然后用软毛刷轻轻扫去从涂层上分离下来的碎片，在样板上施加胶带，剪下长约 75mm 的胶带，将其中心点放在网格上方压平，胶带长度至少超过网格 20mm，并确保其与漆膜完全接触。在贴上胶带 5min 内，拿住胶带悬空的一端，并以与样板表面尽可能成 60°的角度，迅速将胶带撕离。然后用放大镜观察漆膜脱落的现象。在试样表面三个不同部位进行试验，记录划格试验等级。

11.3.4.2 涂膜经变形后附着力测定

A 涂膜经冲击后的附着力测定

先将样板的涂膜表面按规定做好切口，然后进行冲击试验，再用长约 75mm 的透明胶带牢固地黏附在涂膜的试验区域上，接着在（90±30）s 的时间内，拿住胶带未黏端，沿着与其原始位置尽可能接近 180°角的方向迅速撕下胶带，观察评定涂膜的损坏情况。试验区域或拉下的胶带表面没有剥离的涂膜碎片为合格。

B 涂膜经深冲后附着力试验

在尺寸不小于 70mm×70mm 的试验样板涂膜表面切割出 5mm×5mm 的网状方格，每条切口至少长 50mm。然后将切割好的试样置于夹具和底模之间，涂膜面处于底模之上，以（12±1）mm/min 的速度冲击试样至规定的深度。

观察评定涂膜的损坏，从中心方格开始，在四个方向将涂膜的边缘从原板上撕下来。观察涂膜的脱落情况，以百分比表示出所冲出圆的基线之间涂膜脱落量。

11.3.4.3 耐磨性能测定

在实际使用中，涂层钢板常受到砂石摩擦或受到机械磨损，耐磨性实际上是漆膜的硬度、附着力和内聚力综合效应的体现，与底材种类、表面处理、漆膜干燥过程中的温度和湿度有关。

通常采用 Taher 磨耗仪进行涂层钢板的耐磨性检测。磨耗仪由一对带砝码可安装磨轮的加压臂和磨轮转数计数器以及一套真空吸尘装置组成，如图 11-11 所示。两个磨耗砂轮配置于转盘上，当转盘旋转时，左侧一个磨耗砂轮由外向样板表面中心摩擦，而右侧一个磨耗砂轮由样板表面中心向外摩擦。当转盘旋转一周时，在样板表面磨耗的痕迹是由互相重合并呈 X 形相交的两圆环组成。

图 11-11 磨耗仪

进行试验时，将样板待测面朝上固定于磨耗仪的工作转盘上，在加压臂上施加所需的载重。用规定的砂轮磨损涂膜表面，当达到规定的耐磨转数时，停止试验。取出样板，用毛刷轻轻抹去浮屑，在天平上称重。根据试验前后质量之差，作为漆膜失重数值来比较涂层的耐磨性能。

11.4 彩色涂层钢板耐蚀性能的检测

11.4.1 大气暴露试验

涂层钢板在大气中的耐久性表现了涂层钢板的物理、化学综合性能。大气暴露试验用于彩涂板涂膜在户外自然气候条件下的耐久性能的评价，评定其经自然大气老化后涂层失光、变色、粉化、起泡、生锈、开裂等涂层老化性能，是评估涂层钢板室外使用寿命的必要而可靠的方法。

制备尺寸不小于 100mm×200mm 的试样，试样应平整、无油污、无损伤、边缘无毛刺。用耐候性良好的涂料封边，可根据彩涂板的不同使用要求，对试样进行 T 弯、冲击、划叉、钻孔、铆接、折弯等处理，如需评定试样切口部位的户外耐久性能，则不封边。

记录试样原始数据应包括基板信息、涂层信息、原始光泽、色度坐标值、T 弯、冲击以及划叉、钻孔、铆接和折弯部位的外观性能与试样开始大气暴露试验的日期等。

将试样试验面朝上投放到大气暴露架上，大气暴露试验周期不应少于 1 年。根据大气暴露试验周期来决定对试样的评定周期，如果大气暴露试验周期少于 2 年，则每 3 个月对试样进行一次评定；如果大气暴露试验周期为 2 年或更长时间，则每半年对试样进行一次评定。取平行试样的最差值为试验结果，测定暴晒后涂膜的光泽、颜色、附着力等的变化。

11.4.2 人工老化试验

涂膜自然老化的耐候试验持续时间很长，从而发展了人工加速耐候试验技术，即人工老化试验。后者通常是把试片暴露在人工加速的苛刻环境条件下试验，如老化试验机。常用的人工老化试验机有两种：一种是紫外光碳弧灯耐候试验机，另一种是氙灯耐候试验机。

人工气候老化试验机中设有高强度紫外光源（模拟天然阳光的紫外线辐照），控制一定的温度、湿度和定时喷水装置（模拟降雨）；对涂膜试片试验一定时间后，以试片涂膜表观状况破坏程度评定等级。

11.4.3　盐雾试验

11.4.3.1　中性盐雾（NSS）试验

中性盐雾试验（GB 6458—1986，ASTM B117）是使用非常广泛的一种人工加速的腐蚀试验方法，适用于检验多种金属材料和涂层。将样品暴露于盐雾试验箱中，试验时喷入经雾化的5%NaCl溶液，细雾在自重作用下均匀地沉降在试样表面。试验溶液pH值范围为6.5~7.2。试验时箱内温度恒定在（35±1）℃。喷雾量的大小和均匀性由喷嘴的位置和角度来控制，并通过盐雾收集器收集的盐水量来判断。一般规定喷雾24h，在80cm² 水平面积上，每小时平均收集1~2mL的盐水，其中的NaCl浓度应在5%±1%范围内。

试样的主要受检表面与垂直方向呈15°~30°。试样间的距离应使盐雾能自由沉降在所有试样上，且试样表面的盐水溶液不应滴在任何其他试样上。试样互不接触且保持彼此间电绝缘，试样与支架间也须保持电绝缘。

由于试验的产品、材料和涂镀层的种类不同，试验总时间可在8~3000h范围内选定。国标规定采用24h连续喷雾方式，但过去也曾以喷雾8h、停喷16h为一个周期。

涂层钢板的不同基板和不同涂膜其性能指标是不同的。盐雾试验性能指标见表11-6。

表11-6　盐雾试验性能指标

涂料种类	基板种类	盐雾试验性能指标/h	涂料种类	基板种类	盐雾试验性能指标/h
聚酯	镀锌板	500	丙烯酸	冷轧板	100
	冷轧板	100	硅改性聚酯	镀锌板	550
丙烯酸	镀锌板	500	塑料溶胶	冷轧板	750

一般考核冷轧板和镀锌板为基板的涂层钢板时，用中性盐雾试验；考核铝板为基板的涂层钢板时，采用酸性盐雾试验。

11.4.3.2　醋酸盐雾（ASS）试验

为了进一步缩短试验时间以及模拟城市污染大气和酸雨环境，发展了醋酸盐雾试验方法。此法除溶液配制及成分与中性盐雾试验不同外，试验的方法和各项要求均相同。

试验溶液为在5%NaCl溶液中添加冰醋酸，将pH值调节到3.1~3.3。试验温度控制在（35±1）℃。醋酸盐雾试验的周期一般为144~240h，有时根据试验需要可缩短到16h。除上述改变外，试验方法和各项要求均与中性盐雾试验相同。

11.4.4　二氧化硫气体腐蚀试验

此法是一种模拟工业大气和污染气氛条件的加速腐蚀试验方法。美国ASTM G87、德国DIN 50018、英国BS 1244和日本JIS D0201都制定了进行潮湿SO_2试验的标准方法。

试验在二氧化硫腐蚀试验箱中进行。把试样放入（40±2）℃、相对湿度100%的SO_2气氛中暴露8h，然后切断加热，排水、排气，通入压缩空气16h作为一个试验循环。每一

试验周期箱内通入 SO_2 气体 2L。按规定时间检查试样变化。试验周期一般为 1、2、5、10、15、20 次循环。试验结束时取出试样,吹干表面测定试样的色差值和光泽。

11.4.5 耐湿热试验

利用人造洁净的高温高湿环境,对涂层进行耐蚀性试验。这种涂层耐蚀性测定往往不单独进行,而是作为涂层性能综合测定的一部分。在特定的温度和湿度或经常交变而引起凝露的环境下使涂层加速腐蚀。

一般采用的加速湿热试验方法有以下三种情况:

(1)温恒恒湿试验。控制温度为(40±2)℃,相对湿度为 95% 以上,人工模拟高温环境腐蚀条件。

(2)高温高湿试验。控制温度为(55±2)℃,相对湿度为 98%~100%,并在 55℃下保持 8h,然后停止加热,自然冷却至室温,闭箱 16h,以 24h 为一个循环周期。

(3)温湿交变试验。从 30℃升温到 40℃,相对湿度约 85%,时间 1.5~2h;高温高湿,(40±2)℃,相对温度 95%,时间 14~14.5h;从(40±2)℃降温到 30℃,相对温度不低于 85%,时间 2~3h;低温高湿(30±2)℃,相对湿度 95%,时间 5~6h。将每个试验周期分为升温、高温高湿、低温、低温高湿四个阶段,并依此循环试验。

湿热腐蚀试验一般是在各种不同类型的湿热箱中进行。色泽变暗,涂层和基体金属无腐蚀为良好;涂层腐蚀面积不超过 1/3,但基体金属除边缘有棱角外无腐蚀为合格;涂层腐蚀面积越过 1/3,或基体金属出现腐蚀为不合格。

11.4.6 耐污染试验

彩色涂层钢板在家电和器皿等领域的大量应用,常会遭受酸、碱、洗涤剂、油脂、饮料等日用化学品的侵蚀作用,通过耐污染试验将试样与污染物接触一段时间后,检查试样表面是否产生一些不良变化,如褪色、光泽的变化,涂层是否有起泡、脱落等现象。

一般试验所用的污染物:稀释的矿物酸;醋酸;肥皂溶液;洗涤剂溶液;乙醇(50%,体积分数);轻质流体和其他挥发性试剂;水果汁;油和脂肪奶油、人造黄油、猪油、植物油等;调味品如芥末、番茄酱等;饮料如咖啡、茶、可口可乐;润滑油和润滑脂;鞋油;口红;记号笔。

测定涂膜耐污染试验的方法有三种:加盖点滴法、敞开式点滴法和浸渍法。试验前需将试样在(23±2)℃、相对湿度为 50%±5% 的条件下放置一周。

11.4.6.1 加盖点滴法

试验时用移液管吸取 1mL 液体滴于试样表面上,立即用表面皿盖好,放置一定时间后(15min、1h、16h),擦去或清洗掉试样表面的污染物。观察表面有无褪色、失光、起泡、隆起等情况,并做好记录。

11.4.6.2 敞开式点滴法

将供需双方商定的污染物滴加或涂抹在水平放置的试样表面,放置一定时间(15min、1h、16h 或双方商定的时间),检查试样表面变化。观察记录内容与加盖点滴法相同。

11.4.6.3 浸渍法

将试样(通常为 70mm×100mm)浸入盛有供需双方商定的试剂的玻璃烧杯中,浸入深度通常是试样长度的一半。在商定的条件下，放置一定时间，然后将试样取出立即用蒸馏水清洗，观察试样表面是否有褪色、失光、起泡、软化、隆起等情况。试样的边部是否封闭，可与用户商定。

11.4.7 耐去污剂试验

试验用典型的去污剂成分：无水焦磷酸四钠（$Na_4P_2O_7$）53.0%，无水硫酸钠（Na_2SO_4）19.0%，无水偏硅酸铀（Na_2SiO_3）7.0%，无水碳酸铀（Na_2CO_3）1.0%，线性烷基酚基磺酸钠盐20.0%等。

按供需双方商定的去污剂成分和浓度配制试验溶液。然后加热至（74±1）℃，将试样垂直悬挂在容器中，至少有一半表面浸入试液中。试样之间以及试样与槽壁之间间隔距离要求在25mm以上。试验过程中，每隔168h用新配制的去污剂更换一次。试样浸至规定时间后，取出，冲洗并擦干试样。评估涂膜的起泡、生锈、失光、变色、附着力变化等腐蚀破坏程度。

11.4.8 耐溶剂试验

耐溶剂性能是一项很重要的指标，能够评定涂料的固化和交联程度，直接影响其涂层的性能。卷材涂料中该检测项目一般称为耐MEK擦拭，MEK为英文methyl ethyl ketone的缩写，称甲乙酮或丁酮。

其测试方法是用粗纱布（3~4层）包住带有橡胶指套的手指，浸入指定溶剂中，再充分挤干（不允许有溶剂滴落），立即用浸透溶剂的粗纱布在试样表面用力来回摩擦，来回形程至少200mm，摩擦压力2000~2500g适中，其擦拭速度约为每分钟100次往返（往前一次，往后一次算作往返一次）。在整个过程中纱布始终保持湿润，摩擦至漆膜损坏或规定的次数为止。检查150mm中间区域的摩擦面积，与相邻未摩擦区域的光泽、硬度、膜厚进行比较，并检查纱布有无涂层脱落的痕迹。注意在擦拭时应保持用力均匀，以减少试验误差。

思 考 题

11-1 对彩色涂层钢板进行质量检测的项目包括哪些？

11-2 对彩涂板进行质量检测的取样标准、步骤和要求是什么？

11-3 简述涂料黏度的检测方法。

11-4 简述涂层厚度的检测方法。

11-5 简述涂膜光泽的测定方法。

11-6 简述涂膜色差的检测方法。

11-7 简述涂膜硬度的检测方法。

11-8 简述涂膜抗冲击性的检测方法。

11-9 简述涂膜附着力的检测方法。

11-10 彩色涂层钢板的耐蚀性能包括哪几个方面，分别如何进行检测？

12 彩色涂层钢板的发展展望

12.1 彩色涂层钢板生产的发展形势

在 20 世纪全世界约 400 多条彩色涂层钢板生产线中，美国约占了一半，并且品种齐全。日本自 1958 年建成了第一条喷淋式涂层生产线后，生产能力和生产技术迅速发展，产量居世界第二位。产品有鲜明特色，在国际市场上可与美国相抗衡。其他如法国、英国、芬兰、瑞典、德国、前苏联等国家的彩色涂层钢板生产也得到了较快的发展。例如，西欧国家共建有 80 多条生产线，前苏联从 20 世纪 70 年代开始生产彩色涂层钢板之后，一直以 20% 的速率增长，现在仍保持高速发展势头。

近年来彩色涂层钢板生产仍在发展之中。美国的罗尔·考特（Roll Coater）公司是美国乃至世界上最大的彩色涂层钢板生产厂之一。它正致力于生产一些外观更有吸引力、富有流行色彩的用于住宅和其他商业的涂层产品。为此，该公司已新建了两座工厂，一座在印第安纳州的威尔顿工厂，其彩色涂层机组运行速度为 180m/min，最大带钢宽度为 1420mm。另一座工厂在印第安纳州的金斯堡市，它有两套彩涂机组，均以 213m/min 的速度运行，一套可以生产 1650mm 宽的彩色涂层带钢，另一套可以生产 1850mm 宽的彩色涂层带钢。

欧洲彩涂板的生产及应用也逐年增长。1994 年比 1993 年增长了 11.35%，而 1995 年又比 1994 年增长了 17.78%。此后增长趋势未减。

回顾彩色涂层钢板生产的发展过程，从整体的发展趋势来看，是持续上升的。目前世界彩色涂层钢板的生产能力虽然有了大幅度的提高，但仍具有发展的潜力。

彩色涂层钢板生产发展的速度极大地依附于整个经济的发展，所以经常有大的波动。例如，在 20 世纪由于石油价格的影响造成经济的巨大波动，彩色涂层钢板的产量也随之大幅波动。从一段时间对北美彩色涂层钢板的产量的统计可以明显地看到其产量随经济形势的起伏变化情况（图 12-1）。

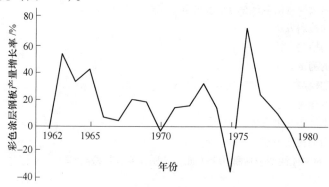

图 12-1 北美彩色涂层钢板产量变化

同样，我国彩色涂层钢板生产的发展是在我国经济进入改革开放阶段开始的，随着国民经济持续快速发展，进入 21 世纪出现了彩色涂层钢板生产和需求的迅猛增长。

近来，美国的经济持续增长率大约为 2%，而亚太地区国家经济平均增长率每年近 7%，在拉丁美洲，经济增长率每年几乎都是 5%。由以上形势可见，只要世界经济能保持上升的发展趋势，发展中国家和经济不发达地区得到和平发展的机会，彩色涂层钢板的生产仍会保持发展的势头。

12.2 彩色涂层钢板的发展方向

12.2.1 彩色涂层钢板的需求方向

从彩色涂层钢板生产的发展历史来看，连续彩色涂层钢板生产线的产生，是由于建筑业对生产百叶窗原料的需求。此后，无论是从美国、日本、欧洲彩色涂层钢板在其国内或地区的消费以及对出口外销的产品用途的统计来看，还是从我国生产和使用的彩色涂层钢板的用途的统计来看，用于建筑行业的彩色涂层钢板的产量都占到了总产量的 45%～60%。

从长远来看，作为彩色涂层钢板主要应用市场的建筑行业，仍将在很大程度上决定彩色涂层钢板生产的发展。而除了工业建筑上的应用之外，发展中国家和不发达地区经济发展和人民生活水平的提高将给彩色涂层钢板提供巨大的市场。

目前国内大批新建的彩色涂层钢板生产线基本上都是中、低水平的生产线，所生产的产品适合于工业与民用建筑用途。彩色涂层钢板的主要建材市场是钢结构建筑。目前主要是高层建筑和工业建筑市场，但大型建筑则需要高质量、高性能的产品。而潜在的巨大市场是不发达国家和不发达地区的民用建筑市场，但这一市场依赖于经济的发展和人民生活水平的提高。

从对彩色涂层钢板的用量来讲，运输行业和家电行业是除了建筑行业之外的最大市场，可以占到 15%～20% 的份额。

随着世界经济形势的逐步好转，人民生活水平的提高，对家用电器的需求量也在增大。但是，目前由于我国国内生产线的水平和原料水平限制了国产彩色涂层钢板产品在这些领域的应用。一些高档产品还要通过进口来解决。虽然生产这类产品有一定的难度，但同时却是亟待开发、极有潜力的市场。

12.2.2 彩色涂层钢板生产技术的发展方向

彩涂板主要有涂层板、贴塑板、压（印）花板三类，涂层钢板主要应用于建筑行业，而贴塑板和压（印）花板主要应用于家电行业。实现钢板彩色化的方法除了彩色涂层法外，还有其他钢板呈色方法，如采用化学和电化学方法来生产彩色钢板。柴田等发明了一种用有色粒子呈色的方法。他们用彩色粒子，如氧化物、硫化物、玻璃、陶瓷等，与锌粉混合，涂敷于被着色件表面上，加热涂层，熔化锌与粒子混合物而呈色。但是，这些方法要么难以连续化生产，要么工艺实现困难，有的还存在严重的环保问题。因此，许多方法有的没有被广泛采用，有的还在研究当中。

彩色涂层钢板生产出现以来虽然获得了长足的发展，但是市场的要求逐步提高，市场的竞争日趋激烈。在此形势下，生产者的目光都集中于新产品和新技术的开发方面。围绕着节约资源、能源和可持续性发展的原则，研究开发新产品、新技术、新工艺。

在新产品新工艺方面，先后有用高耐候性能的含氟及改性涂料生产的建筑外用板材，高光泽、高加工性能的家电用板材，具有耐污染、防冰雪、防粘贴、用于书写、具有自洁防霉性能的功能性板材。新的印花覆膜工艺及产品，具有双轴取向性的聚酯（PET）类膜的复层产品。在聚酯树脂/聚氨酯树脂中导入特殊的液晶化合物获得硬度和加工性能皆优的涂层产品[4.5]。

在生产工艺方面，在过去以浸渍、喷淋处理方式为主的表面处理方面，出现和发展了辊涂式的表面处理工艺。实现了无铬化生产彩色涂层钢板。在热风加热炉工艺中采用了安全、节能的惰性气体循环方式。电磁感应加热、电子束、光固化技术正在发展和推广中。

同时在冶金和化工行业中，与彩色涂层钢板生产密切相关的新耐蚀板材和新型涂料如低固化温度的涂料、粉末涂料、光固化涂料、具有新性能的塑膜生产和使用技术的开发也在进行之中。这些进展也将导致新的生产工艺技术和新产品的开发。彩色涂层钢板生产方面要对这些成果的产品及时地进行相应的开发和利用。

12.2.3 新型彩色涂层钢板的开发

12.2.3.1 环保型彩色涂层钢板的开发

铬酸盐钝化处理可形成铬/基体金属的混合氧化物膜层，膜层中的铬主要以三价铬和六价铬形式存在，三价铬作为骨架，而六价铬则有自修复作用，因而耐蚀性很高。由于铬酸盐成本低廉、使用方便，因而铬酸盐钝化处理在钢铁、航空、电子和其他部门得到了广泛的应用。镀锌板表面铬化处理后可抑制钢板的锈蚀，但铬化液中的六价铬对环境有害。日本环境厅对镀锌板中铬含量的要求是不超过 0.05mb/L。随着人们环保意识的增强，对环境有害物质如铬、铅、汞等的控制越来越严格。欧盟 ELV（End of Life Vehicle）已规定从 2003 年 7 月以后生产的汽车中不准含有六价铬、铅、汞、镉等。因此，环保型汽车板如燃料箱用钢、Sn-Zn 镀锌板、Gi+Ni 镀锌板及无铬型彩色涂层钢板纷纷开发出来，并已进入商业化。日本 JFE 公司突破传统彩涂板镀铬的工艺，开发了一种名为"GEO—FRON-TIER COAT"的无铬型彩涂板，以热镀锌板作为基板，采用自主开发的有机树脂、防锈添加剂，省略了镀铬酸盐的工序。与普通的含铬涂层板相比，新型彩涂板的冲压性、耐腐蚀性、点焊性、耐指纹性等要好。图 12-2 为新型无铬涂层板设计的基本概念。图 12-3 为 NKK 与其他公司新型无铬涂层板焊接性能比较。

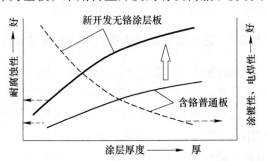

图 12-2　新型无铬涂层板设计的基本概念

12.2.3.2 耐热型彩色涂层钢板

随着电子、家电产品的广泛应用，作为电子、家电产品原材料的要求越来越严格。

彩涂板通常作为电子器件、家电的外壳，其耐热性能的好坏影响到电子产品、家电工作的

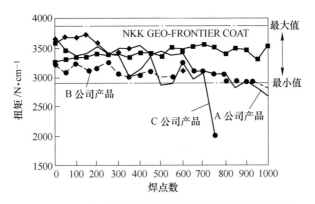

图 12-3 NKK 与其他公司新型无铬涂层板焊接性能比较

稳定。日本神户开发的 KOBE. HONETSU 系列耐热钢板，其放热性是普通电镀锌板的 7 倍（图 12-4 和图 12-5）。

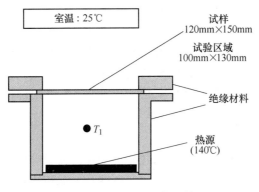

图 12-4 放热性试验装置简图

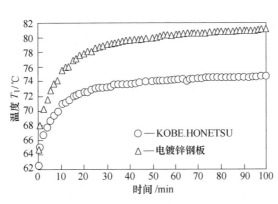

图 12-5 KOBE. HONETSU 钢板的耐热性（热源温度一定）

（热源温度：140℃，板厚：0.8mm）

12.2.3.3 耐腐蚀彩色涂层钢板

耐腐蚀是彩涂钢板的基本要求之一。不管是建筑业还是家电、汽车行业，都对彩涂板提出耐腐蚀性和寿命的要求。如主要彩涂板生产厂对氟碳板有 20 年的使用寿命保证。抗腐蚀板是彩涂板发展的主要方向。表 12-1 是有关彩涂板防腐蚀技术及应用。

表 12-1　彩涂板的防腐蚀技术及应用

应用领域 项目	建筑、土木	能源、化工	汽车	家电、电子器件
腐蚀环境	大气、淡水、盐类	高温水、盐类、酸、碱、高温气体	大气、盐类、燃料	大气、淡水、盐类
防腐蚀、防锈课题	长寿命化、LCC 评价、氯化乙烯钢板的代替	耐酸、碱措施、耐高温、应力腐蚀措施、低成本	同时保证防锈性、加工性、涂镀性、无铅、无六价铬的防锈技术	无铅、无六价铬的防锈技术等
耐腐蚀彩涂钢板与技术	氯化乙烯代替钢板、冲压成型彩板、耐候性钢预测腐蚀技术	耐腐蚀不锈钢 YUS270、建筑用 Sn-Zn 钢板	燃料箱用涂层板，Sn-Zn 钢板、无铬化涂层板、各种不锈钢	无铅镀锌板、无铬镀锌板、防锈预涂层钢板

12.2.3.4　成型性好的彩色涂层钢板

日本原 NKK 钢铁公司和 NKK 钢板 & 带钢公司联手开发出新的 55% Al-Zn 合金彩涂钢板，取名为"Galflex Colour"。与先前的 Galfan Colour（5% At-Zn 合金涂层钢板）相比。Galflex Colour 的主要优点是，成型性明显提高，在弯曲试验中，Galflex Colour 比传统产品高出四个等级。Galflex Colour 的其他优点是，在成型之后其耐蚀性很高，比传统产品提高了 6~10 倍。该 Galflex Colour 钢板已在 2001 年进入商业化生产。

12.2.3.5　抗菌型彩色涂层钢板

抗菌彩涂板是把碱土金属—结晶氨基硅盐离子和银离子进行结合的无机抗菌剂加到涂料中，从而具有半永久抗菌性、耐热性、耐变色性及不饱和性和碳素脱臭、离子互换等功能的高级涂装板。只要涂膜存在，钢板就具有抗菌、脱臭、防霉等功能。抗菌彩涂板可用于食品厂内装饰材料、医院无菌室、幼儿游戏房等。韩国东部制钢开发的抗菌彩涂板有 P/E、Si-P/E、高耐候性 P/E，PVDF 等。抗菌试验结果（加压紧贴法）见表 12-2。抗菌彩涂板的物理性能（以 PIE 为例）见表 12-3。

表 12-2　抗菌试验结果

试验细菌	试料/CFU · mL^{-1}	初期细菌数	24h 后细菌数	抑制率/%
黄色葡萄状球菌	抗菌涂料钢板	1.0×10^3	<2	99.8
	一般涂装板	1.0×10^3	9.5×10^2	5.0
大肠菌	抗菌涂料钢板	1.0×10^3	<1	99.9
	一般涂装板	1.0×10^3	1.0×10^2	9.1
绿浓菌	抗菌涂料钢板	1.0×10^3	5	99.5
	一般涂装板	1.0×10^3	9.6×10^2	4.0
枯草菌	抗菌涂料钢板	1.0×10^3	9	99.1
	一般涂装板	1.0×10^3	9.5×10^2	5.0

注：CFU 为单位体积中的细菌群落总数。

表 12-3 抗菌彩涂板的物理性能（以 P/E 为例）

项　　目	抗菌性彩涂板	备　　注
色差	$\Delta E0.8$ 以下	2T 750g，500mm
光泽	相对于原板，±7	
涂膜厚度	根据订货的涂膜厚度±2	
弯曲试验	3g 以上	
冲击试验	3 点以上	
MEK 试验	40 次以上	
铅笔硬度试验	2H 以上	

12.2.4 我国彩色涂层钢板的发展展望

我国的彩色涂层钢板生产工业已经有了初步的发展，但是要取得稳步的发展还要做很多工作。要全面地提高我国彩色涂层钢板生产行业的素质和技术水平，奠定稳步发展和走向世界的基础。

有能力的大型企业和集团，要建立相应的研究开发中心和机构，建立相应的研究实验手段。研究各不同行业如建筑、运输、家电器具，甚至更细的产品类别如家电中用于冰箱冷冻机类，洗衣机、洗碗机、洗涤器械类，烘箱、微波炉、电视、计算机类在使用彩色涂层钢板时提出的性能要求，研究实现和解决这些要求的方法。关注有关新镀层、新涂料等新产品、节约资源，降低能耗，有针对性地研究开发新产品、新技术。

大型企业要意识到并担负起在新技术、新产品以及在生产设备和市场开发中发挥先锋队和主力军的作用，以带动全国彩色涂层钢板生产业的发展，带领彩色涂层钢板产品和生产技术走出国门。

面对国内彩色涂层钢板产业以成规模的形势，涂料生产和设备制造行业相互配合共求发展。彩色涂层钢板的装饰性能和耐久性能的获得依赖于化工产业供给优良的涂料和塑膜。

彩色涂层钢板生产需要各行业间协作和交流。过去在彩色涂层钢板生产的开发中曾有过有成效的协作开发先例，行业协会可以在行业间交流合作方面发挥主导作用，使我国的彩色涂层钢板在生产、原料供应和产品应用上同步发展、齐头并进。

思 考 题

12-1 彩色涂层钢板的发展趋势是什么？

12-2 彩色涂层钢板的发展方向是什么？

参 考 文 献

［1］张启富，董建中. 有机涂层钢板［M］. 北京：化学工业出版社，2003.

［2］冯立明，张殿平，王绪建，等. 涂装工艺与设备［M］. 北京：化学工业出版社，2013.

［3］王锡春，姜英涛. 涂装技术［M］. 北京：化学工业出版社，2006.

［4］石森森. 耐磨耐蚀涂膜材料与技术［M］. 北京：化学工业出版社，2009.

［5］肖佑国，祝福君. 预涂金属卷材及涂料［M］. 北京：化学工业出版社，2003.

［6］叶扬祥，等. 涂装技术使用手册［M］. 北京：机械工业出版社，2013.

［7］李鸿波，李绮屏，韩志勇. 彩色涂层钢板生产工艺与装备技术［M］. 北京：冶金工业出版社，2006.

［8］武利民. 涂料技术基础［M］. 北京：化学工业出版社，2000.

［9］黄元森，殷铭. 新编涂料品种的开发配方与工艺手册［M］. 北京：化学工业出版社，2009.

［10］黄英杰. 钢板彩涂过程中张力控制系统的研究［D］. 广东：广东工业大学，2007.

［11］巴顿 T C. 涂料的流动和颜料的分散［M］. 北京：化学工业出版社，2009.

［12］赵文元，王亦军. 功能高分子材料化学［M］. 北京：化学工业出版社，2006.

［13］李霞. 彩色涂层钢板技术及其发展趋势［J］. 钢铁研究，2007，35（4）：59~62.

［14］朱立，徐小连. 彩色涂层钢板技术［M］. 北京：化学工业出版社，2005.

［15］李伟. 彩涂钢板常见质量缺陷的原因及对策分析［J］. 涂装与电镀，2009（3）：38~40.

［16］虞莹莹. 涂料工业用检验方法与仪器大全［M］. 北京：化学工业出版社，2007.

［17］王迎春，梅淑文，齐长发. 浅谈彩色涂层钢板的性能检测［J］. 冶金标准化与质量，2004，42（4）：23~25.

［18］曹京宜，付大海. 实用涂装基础及技巧［M］. 北京：化学工业出版社，2008.

［19］Patel R，Benkrera H. Gravure roll coating of Newtonian liquids［J］. Chemical Engineering Science，2011，46（3）：751~756.

［20］Cohu O，Magnin M. Forward roll coating of Newtonian fluids with deformable rolls［J］. Chemical Engineering Science，2007，（52）：1339~1347.

［21］Carvalho M S，Scriven L E. Three-dimensional stability analysis of free surface flows：application to forward deformable roll coating［J］. Journal of Computational Physics，2009，（151）：534~562.

［22］Ascanio G，Carreau P J，et al. Forward deformable rollcoating at high speed with Newtonian fluids［J］. Chemical Engineering Science，2004（82）：390~397.

［23］Pitts E，Greiller J. The flow of thinliquid films between rollers［J］. Journal of Fluid 61Mechanics，2011（11）：33~50.

［24］伍泽涌，卢建平，肖泽星. 新型涂装前处理应用手册［M］. 四川：四川科学技术出版社，1998：12~33.

［25］周小舟. 彩色涂层钢板的新工艺及新产品［J］. 涂料技术与文摘，2004，25（5）：1~7.

［26］肖宇，徐小连，陈义庆，等. 彩色涂层钢板生产中涂层厚度的控制［J］. 鞍钢技术，2007，375（5）：19~21.

［27］王成晓，安得福. 发展中的彩色涂层钢板生产［J］. 天津冶金，2004，38（6）：38~39.

［28］严兴华. 彩色涂层钢板生产线的带钢悬垂度控制［D］. 广东：广东工业大学，2007.

［29］赵金榜. 彩涂板涂料和工艺的现状及其发展［J］. 现代涂料与涂装，2006，35（1）：43~46.

［30］袁汝旺. 逆转辊涂布系统的研究［D］. 天津：天津工业大学，2007：46~55.

［31］肖佑国. 我国有机涂层板用涂料的开发［J］. 涂料工业，2009，4（4）：39~42.

［32］王晓丽，杜仕国，施冬梅. 防静电涂料研究进展［J］. 化工新型材料，2010，28（10）：10~17.

［33］王平，郭洪道．导电涂料［J］．现代涂料与涂装，2007，22（2）：22~25.

［34］梅淑文，齐长发，刘洪兵．烘烤固化工艺对彩涂板质量的影响［J］．轧钢，2007，24（1）：59~61.

［35］陈迪安．首钢富路仕彩涂板生产线烘烤系统工程设计［J］．设计通讯，2004，34（1）：34~37.

［36］梅淑文，齐长发．浅谈涂层钢板生产工艺［J］．河北冶金，2005，46（2）：7~14.

［37］裴宏江，梅淑文，齐长发．彩涂生产线张力设定及控制［A］．2004年全国炼钢、轧钢生产技术会议文集［C］．2004.

［38］于轶峰．彩色涂层钢板生产工艺技术［J］．柳钢科技，2003，23（4）：44~45.

［39］胡先耘．中国彩涂板发展趋势［J］．国际卷材涂料涂装论坛，2013，34（8）：23~34.

［40］周小舟．彩色涂层钢板的新工艺及新产品［J］．涂料技术与文摘，2004，25（5）：1~7.

［41］潘国平，杨兆林．彩涂板的结构及其原材料的选择［J］．安徽冶金，2002（5）：15~20.